现代城镇规划与设计研究

王　伟◎著

文化发展出版社
Cultural Development Press
·北京·

图书在版编目（CIP）数据

现代城镇规划与设计研究 / 王伟著．— 北京 ：文化发展出版社，2023.10

ISBN 978-7-5142-4150-1

Ⅰ．①现… Ⅱ．①王… Ⅲ．①城镇－城市规划－建筑设计－研究 Ⅳ．① TU984

中国国家版本馆 CIP 数据核字 (2023) 第 214526 号

现代城镇规划与设计研究

王 伟 著

出 版 人：宋 娜

责任编辑：侯 娜　　责任校对：岳智勇

责任印制：杨 骏　　封面设计：守正文化

出版发行：文化发展出版社（北京市翠微路 2 号 邮编：100036）

网 址：www.wenhuafazhan.com

经 销：全国新华书店

印 刷：天津和萱印刷有限公司

开 本：710mm × 1000mm 1/16

字 数：200 千字

印 张：11.75

版 次：2025 年 1 月第 1 版

印 次：2025 年 1 月第 1 次印刷

定 价：72.00 元

I S B N：978-7-5142-4150-1

◆ 如有印装质量问题，请电话联系：010-58484999

前 言

城镇化道路是世界各国的发展趋势。党的十六大报告第一次明确提出“走中国特色的城镇化道路”，这就是必须走城市与生态、城市与农村、城镇化与新型工业化协调发展、可持续发展的道路。党的二十大报告提出“推进以人为核心的新型城镇化”，并且用了较大篇幅，从农业转移人口市民化、城镇化空间格局、城市发展以及城乡融合发展等四个方面进行了战略部署，为未来五年新型城镇化工作指明了前进方向、提供了基本遵循。

党的十六大报告明确提出：要逐步提高城镇化水平，坚持大中小城市和小城镇协调发展，发展小城镇要以现有的县城和有条件的建制镇为基础，合理布局。正是在这样的指导思想下，我国城镇化水平已由2003年的40.53%上升到2022年的65.2%，城镇发展的速度超过历史上任一时期。我国城镇建设正处于蓬勃发展的时期，新的典型、新的经验不断涌现，城镇规划新理论、新方法不断在实践中得以升华。

本书第一章为绪论，主要介绍了城镇的产生与发展、现代城镇的概念与特点、现代城镇的性质与规模、现代城镇的发展前景分析四个方面的内容。本书第二章为现代城镇规划的基本理论，论述了现代城镇规划的目标分析、现代城镇规划的理论基础、现代城镇规划的基本原则三个方面的内容。本书第三章为现代城镇工程设施规划设计，主要讲述了现代城镇道路工程规划设计、现代城镇给排水工程规划设计、现代城镇电力工程规划设计、现代城镇电信工程规划设计几个方面的内容。本书第四章为现代城镇公共中心规划设计，分析了现代城镇中心规划设计、现代城镇广场规划设计两个方面的内容。本书第五章为现代城镇居住区规划设计，主要讲述了现代居住区规划设计任务与要求、现代居住区道路规划设计、现代居住区景观与环境规划设计、现代居住区公共服务设施规划设计四个方面的内容。本书第六章为现代城镇生态环境规划设计，主要阐述了现代城镇生态规划设计、现代城镇环境保护规划两个方面的内容。本书第七章为现代城镇规划管理与实施，主要讲述了现代城镇规划的编制管理、现代城镇规划的审批管理、现代城镇规划的实施管理三个方面的内容。

在撰写本书的过程中，笔者得到了许多专家学者的帮助和指导，参考了大量的学术文献，在此表示诚挚的谢意。由于笔者水平有限，书中难免存在疏漏之处，希望广大同行及时指正。

作者

2023 年 3 月

目　录

第一章　绪论

城镇是中国城镇化体系中的一个节点，一个重要组成部分，是城之尾、乡之首。城镇问题是费孝通先生于20世纪80年代初提出的，经过四十多年的发展，城镇的发展经历了一个曲折的过程，新农村建设和统筹城乡发展的伟大历史进程中，城镇在其中扮演了重要的角色。本章主要介绍了城镇的产生与发展、现代城镇的概念与特点、现代城镇的性质与规模、现代城镇的发展前景分析四个方面的内容。

第一节　城镇的产生与发展

一、城镇的形成

城镇并不是人类社会一开始就有的，它是社会发展到一定历史阶段的产物，随着生产力和生产关系的社会分工而变化。

（一）聚落的形成

聚落，也称为居民点。它是人们定居的场所，是配置有各类建筑群、道路网、绿化系统、对外交通设施以及其他各种公用工程设施的综合基地。随着社会生产力的进步，人们根据生活和生产的需求形成了聚集的地方，这些地方就是聚落。在古代社会，人类的生活方式主要是采集和狩猎，没有固定的居所。经过与自然长期的斗争，人类研发了种植业，这引发了人类社会的第一次劳动大分工。渔、牧、农业开始有了各自的专业化分工，形成了以农业生产为主的定居点，如西安半坡村等地。

（二）居民点的分化与城镇的产生

随着生产方式的改进，人们开始生产更多的产品，其中部分产品有了剩余，人们将剩余的产品用来交换，从而促进了商品的交换和贸易的出现。由于商业、手工业、农业、牧业劳动逐渐分离，人类社会开始进入第二次劳动大分工时期。在这个过程中，居民点开始发生分化，并逐渐形成了城镇。

第二次劳动大分工导致居民点开始分化，形成了以农业为主要经济活动的居民点，即乡村；形成了以商业、手工业为主要经济活动的居民点，即城镇。周朝末期，我国开始由奴隶制向封建制过渡，私有财产得以更加深入地发展，随之由于商品交换更为繁荣，集市贸易迅速兴起。被称为“有市之邑”的是那些自然形成的、规模较小的物资交换中心。

南北朝时期，北方先进的生产工具和技术与南方优越的农业自然条件相结合，极大地促进了农业生产力的提高，加上河网密布的便利的水运条件，集市贸易扩大且日趋活跃，开始出现规模稍大的农副产品和手工业产品的定期交换场地——草市。

唐中叶后，草市普遍发展，促进了集市贸易活动的普及推广。此时，虽然集市还未形成常住人口的聚集，但它作为基层经济中心的作用日趋明确，集期也以各地经济发展状况而定。到北宋时期，随着分工、分业的细化，集市贸易的兴旺，定期集更改为常日集，城镇有了更大发展。由于集市贸易规模的不断扩大，人流不断聚集，统治者为了收税和防卫需要，在一些集市修筑围墙，派官吏监守市门，由知县管辖，于是市升级为镇。此时的镇已经成为一个颇具规模的地理实体和经济实体。据《元丰九域志》记载，当时已有城镇 1 884 个。除此之外，尚有草市上万个，形成了全国性的集镇网络。

宋代以后，镇是指县以下的以商业、聚居为主的小都市，这个概念沿袭至今。所以，现代意义的城镇应该追溯到 10 世纪前后的宋代，是在唐末乡村出现大量居民聚居草市的基础上形成的日常生活、商业、社交的场所。

到了明清时期，社会经济进一步发展，各地陆续出现了新兴城镇，且发展较快，密度与规模都有所增加，尤其是在商品经济发达的地区，民族资本主义工商业和银行的出现大大促进了城镇的繁荣，城镇的发展进入了兴盛时期，出现了景德镇、佛山镇、朱仙镇等一批中外闻名的城镇。在江南更是每隔十里就有市，每隔二三十里就有镇。

除经济因素外，一部分城镇也由于政治或军事等因素得以建立和发展。例如，陕西的榆林镇，在明初修筑长城之前只是一个小村庄，由于军事防御的需要建立榆林寨，后改为榆林堡，又升为榆林卫，成为一个军事重镇。

1840年由于鸦片战争的爆发，城镇尤其是城市经济处于半殖民地化，城镇的发展受到了阻碍，进入了停滞时期。

在中国经历了一段动荡不安的时期后，大多数相关的高校和研究单位都迁往了西南地区，因此在这一时期，研究重点主要集中在西南地区，尤其是城镇方面的专业文献相对较少。在这段时间内，研究聚落的学者普遍倾向于用两种方式将我国聚落划分为城市聚落和乡村聚落，也有一些学者使用“农村、市镇、县城及都市”这四种方式进行分类。对于聚落的划分，可以从两个角度入手，即人口数量和功能性质。不同地区聚落的发展水平明显不同，导致大村落和小城市的边界很难区分。一些学者建议根据聚落的特征和用途进行分类，包括农业、工业、商业、政治、文化等不同类型的聚落。

我国城镇的形成与演变过程是在低级的草市、墟、场的基础上发展起来的，这是与我国手工业和产品交换的发展相适应的结果。但由于受到政治、宗教等因素的影响，我国城镇还具有特殊的形成过程，存在众多其他来源的城镇。例如，由宗教寺庙、交通枢纽等演变发展起来的城镇。由于落后的封建制度的束缚，中国古代城镇的发展未能冲破封建的羁绊而独立前进。虽然商品经济有较大发展，但是仍处于自然经济的从属地位，城镇的经济基础十分薄弱，基础设施仍然很落后。

二、城镇的发展

（一）国外城镇的发展

如今，许多国家都致力于实现或已经实现了工业化和城镇化，同时也越来越重视农村地区的发展。然而，发达国家和发展中国家普遍关注城市的发展。

从20世纪70年代开始，发达国家的城市化呈现出人口向城市郊区转移的趋势。因此，提升城市生活质量被视为一种新的价值观念的体现。在德国，城市规划和乡村建设同等重要。根据联邦规划法规的规定，所有基层行政单位，无论是村庄还是城镇都必须根据社会和经济的发展需要编制自己的发展计划，其中包括土地利用的总体规划和建筑的详细规划。重点强调了基础设施的完善，包括供应水、电、煤气等，致力于提高设施水平和创造城市平等的就业机会，使公民可以享受先进的现代化设施。相对于大城市，这些城镇更受富人和中产阶层的欢迎，成为他们青睐的居住地。城镇中的大多数居民与农业经济几乎没有联系。他们渴望呼吸新鲜的空气，沉浸在自然的怀抱中，同时也向往农村自然的风光和传统的乡村文化。

相对于欧美国家，日本可以被看作是一个比较年轻的发达国家。直到第二次世界大战结束后，日本才开始进入工业和农业领域的快速发展阶段，并且进行了大规模的劳动力转移。人口的快速转移在短时间内会给城市带来不小的负荷。在20世纪70年代后期，为了避免农村劳动人口涌向城市，以及促进城乡和城市生态的平衡，日本内阁会议提出了全国第三次综合开发规划。这项计划的核心是对乡村的土地进行整治，以建造高质量、高标准的农村环境。在准备整治之前，日本政府对乡村的现状进行了详细调查，包括但不限于农业土地利用、道路、生活设施服务范围、垃圾和粪便处理、排水系统及城镇集会和文化设施等方面，最终进行了从区域到城镇的全面规划。与德国类似，日本也注重改善农村地区的基础设施，特别是加强道路网络建设，以缩短城乡间的交通距离，方便城乡联系。

印度是一个以农业为主、人口众多的国家，有关粮食和住房问题的挑战较为紧迫。在1971—1981这10年间，印度人口绝对增长数量达到49.9百万，其中人口自然增长量为25.6百万，占城市人口总增长量的48.3%；从乡村向城市移民人口为9.8百万，占总增长量的19.6%；这导致环境质量急剧恶化。① 自1980年起，印度政府开始在全国范围内开展“乡村发展运动”，旨在减缓农村人口向城市的无序迁徙，助力乡村摆脱贫困。该运动取得了显著成效。一种可行的方案是：在农村发展劳动密集型的手工业和乡村工业，以此来解决一部分农民的就业问题；在乡村地区有意识地发展以工业为中心的城镇，以吸引农民并疏导一部分城市人口，适当调整村庄规模以改善分散的农村经营情况，并着力解决农民住房问题。

在城市化的发展过程中，重视中小城镇建设已经成为发达国家和发展中国家的普遍认识和共同经验。1984年11月，联合国城市发展中心曾主持了一场专家

① 雪娟．论二十世纪七十年代印度城市化[D]．西安：西北大学，2004．

会议，会议邀请了10个国家（包括中国、美国、英国、原联邦德国、澳大利亚、土耳其、波兰、墨西哥、印度和肯尼亚）参与，一同就中城镇和自然村的管理和规划问题进行了专题讨论。在广泛交换国际经验的基础上，会议得出结论：中小规模的城镇建设是实现国家发展和全面进步的必备条件。为了满足大多数国民的需求，发展中国家必须致力于建设和发展中小型城镇。政府可以将中小型城镇作为管理体系中的一个层级，制定规划、组织资源调配，并加以实施。从战略角度考虑国家经济发展，我们应该优先选择一些重点城镇来进行发展。

（二）我国城镇的发展

1957年我国仅有176座城市。1978年，城市也仅有193座，其中小城市92座；建制镇2 173座。1991年，城市达479座，其中小城市266座；建制镇10 309座。1995年，城市为640座，其中小城市373座；建制镇15 403座。2002年，城市达到660座，小城市378座；建制镇20 601座。2008年末，城市达到655座，小城市有264座，建制镇数量达到19 234座；2015年，城市数量已达到656座，建制镇数量达到20 515座；2021年末，城市数量达到691座，建制镇数量达到21 322座。不难看出1978年改革开放以来，城镇的发展是迅速的，这有力地推进了我国城市化的进程。

城市化或城镇化是将农村地区转变为城市，促进城市的发展和扩张的过程。在我国，城市化是经济发展的迫切要求，同时也是世界各国城市化进程的必然趋势。现代社会的城市化具有多种表现形式，其核心在于将农村居民转移至城市居住，将从事农业产业的人口逐渐转向非农业产业。这意味着人口的重新分布和城市化的加速。通常用城市人口数量与总人口数量相比来衡量一个国家的城市化水平。

根据联合国2021年的数据，世界城镇人口占总人口的比例约为56%。不同大洲的城镇化率存在差异，数据显示，北美的城镇人口比例最高，为82%；欧洲为74%；南美洲和太平洋地区分别为84%和52%。而非洲和亚洲则城镇化率偏低，非洲仅为43%，亚洲约为50%。

中华人民共和国成立以来，随着国民经济与社会的发展，我国城镇的发展促进了城镇人口逐步增长。1949年，我国城镇人口5 765万人，占总人口的10.64%；2003年，城镇人口为52 376万人，占总人口的40.53%。

根据有关学者对我国城市化的研究，我国城市化道路的要点可以归纳如下：①我国应强力推进城市化进程，力争到2050年达到70%；②香港、上海、北京等城市将成为全球性城市，并在全球城市体系中占据一定的地位，在我国将形成若干个参与全球经济活动的重要支撑的中心城市；③农村城市化和剩余劳动力转移将主要依托县城和中心城镇来实现。

第二节　现代城镇的概念与特点

一、城镇的基本概念

（一）居民点

城镇是居民点中的一种类型。根据《城市规划基本术语标准》（GB/T 50280—98）的规定，居民点是人类按照生产和生活需要而形成的集聚定居地点。

居民点是由居住生活、生产、交通运输、公用设施和园林绿化等多体系构成的一个复杂的综合体，是人们因共同生活与经济活动而聚集的定居场所。也可以说，居民点是由建筑群（住宅建筑、公共建筑与生产建筑等）、道路网、绿地以及其他公用设施所组成。这些组成部分通常被称为居民点的物质要素。

在人类社会的历史长河中，并非一开始就有聚集的居民点，这些点的形成和壮大是社会生产力逐步提升的必然产物和结果。在原始社会的早期，人类的生活方式完全依赖于野外自然资源的采集，还没有形成固定的定居地点。随着人类长期与自然的斗争，逐渐发展了种植业。这导致了农业和渔牧业的分离，也是人类历史上第一次出现了固定下来的村落，以原始农业为主。随着生产工具的不断升级和生产力的发展，奴隶制社会初期出现了私有制，促成了第二次社会大分工，即手工业、商业和农业、牧业的分离。这一分工模式进一步推动了居民点的分化，从而形成了乡村以农业为主、城镇以商业和手工业为主的不同区域特色。这些城镇在漫长的历史过程中，逐渐演变成了以工业、金融经济或文化教育为主导的城市。

（二）居民点的分类

按性质与规模，居民点分为城市型居民点和乡村型居民点两大类。

1．城市型居民点

城市是以非农业产业和非农人口聚集为主要特征的居民点，包括按国家行政建制设立的市和镇。也就是说，在我国，城市是按国家行政建制来设立的。《中华人民共和国城市规划法》规定：城市是指国家按行政建制而设立的直辖市、市和镇。

（1）城市

设市的标准根据《国务院批转民政部关于调整设市标准报告的通知》（国发〔1993〕38 号文件），不同地区人口密度条件分三档（≥ 400 人 /km^2、100～400 人 /km^2、≤ 100 人 /km^2)，其主要指标是：①本级政府驻地非农人口（≥ 12 万人、≥ 10 万人、≥ 8 万人）；②有非农户口的从事非农产业人口（≥ 8 万人、≥ 7 万人、≥ 6 万人）；③从事非农产业人口（≥ 15 万人、≥ 12 万人、≥ 10 万人）；④从事非农产业人口占总人口之比（≥ 30 %、≥ 25 %、≥ 20 %）；⑤乡镇以上工业产值（≥ 15 亿元、≥ 12 亿元、≥ 8 亿元）；⑥工业产值占工农总产值之比（≥ 80%、≥ 70%、≥ 60%）；⑦国内生产总值（≥ 10 亿元、≥ 8 亿元、≥ 6 亿元）。

（2）镇

1955 年、1963 年中共中央和国务院对设镇做了规定。为了加快小城镇的建设与发展、逐步缩小城乡差别，国务院于 1984 年批转了民政部关于调整建镇标准的报告。规定如下：

①凡县级地方国家机关所在地，均应设置镇的建制。

②总人口在 2 万以上的乡，乡政府驻地非农业人口超过 2 000 的，可以建镇；总人口在 2 万以下的乡，乡政府驻地非农业人口占全乡人口 10 % 以上的，也可以建镇。

③少数民族地区、人口稀少的边远地区、山区的小型工矿区、小港口、风景旅游、边境口岸等地，非农人口虽不足 2 000，如确有必要，也可设置镇的建制。

2．乡村型居民点

乡镇（集镇）和村是乡村型居民点，统称为乡村。

村、集镇按其在村镇体系中的地位和职能宜分为基层村、中心村、一般镇、中心镇四个层次。村镇规划规模分级应按其不同层次及人口规模，分别划分为大、中、小型三级。

（1）集镇

集镇一般是乡村基层政权——乡人民政府的所在地，有的虽不是乡政府所在地，但人口聚集较多，商业活动和集市贸易的规模较大者，也是集镇。

集镇的规模，目前的情况一般为2 000人左右，有的3 000～5 000人，个别的达8 000人左右。在人口构成上，一般农业人口还是占优势，达70%～90%，非农业人口占10%～30%。随着农村工业、副业生产和商业、服务业的进一步发展，这个比例在逐渐改变。

农村集镇是乡村工、副业相对集中的基地，是农副业产品进行贸易的中心和集散地，是乡村文化和生活服务中心，也是防止大中城市人口膨胀、就地吸收农村剩余劳动力的场所。因而，对城乡发展都具有重大的意义。从规划角度来看，由于其规模较小，功能活动也较简单，农业人口比重大，不能简单套用一般城镇的规划手法，应更多地体现出村镇的特色。

（2）村

村分为中心村和基层村两种类型。

在农村地区，中心村通常是村委会驻地，也是一个较大的居民点，居民们在此从事农业和家庭副业的生产活动。此外，中心村还会拥有一些针对本村及周边基层村庄的生活福利设施，如商店、医疗站和小学等。通常该地区的人口为1 000～2 000人。基层村又称自然村，是农村地区最基本的居住点，主要用于从事农业家庭副业生产活动。这些村庄通常只有基本的日常生活设施，有些村庄甚至没有。近年来，在我国经济发达的地区，如上海市郊、县，江苏省的苏州、无锡、常州地区以及广东省的珠江三角洲地区，已经开始采取一项新的农村城市化措施，即将若干基层村合并建设成一个中心村。这项措施旨在加快农村城市化进程。

（三）城镇的概念

从城市的界定来看，城镇是市和镇的合称，也有人将一部分兼具有市与镇的特征的城市或集镇称为城镇。而中国城市规划设计研究院等在《小城镇规划标准研究》中，对小城镇做了如下的界定：作为介于（狭义）城市与农村居民点之间过渡型居民点的一种，小城镇专指行政建制“镇”或“乡”的镇区部分。

二、城镇的基本特点

党的十五届三中全会通过的《中共中央关于农业和农村工作若干重大问题的决定》指出：“发展小城镇，是带动农村经济和社会发展的一个大战略。”

2000 年 6 月 13 日，中共中央、国务院《关于促进小城镇健康发展的若干意见》中提出，要推进我国城市化的进程，确保城市化和工业化的协同发展，小城镇的作用至关重要。通过发展小城镇，我们可以吸纳大量农村居民，降低他们盲目涌入大城市的风险和成本，同时减轻大城市的就业压力。这将为我们开创一条适应国情的城镇化发展之路，搭建起大中小城市及小城镇协调发展的桥梁。

发展小城镇是实现我国农村现代化的重要途径，因为农民进城定居有利于他们逐步改变传统的生活方式和思想观念，这对于农村人口的发展是十分有益的。这有助于全面提升中国人口的素质水平，并缩小工农和城乡之间的差距；有助于促进城乡经济社会协调发展，全面提升广大农民的物质和文化生活水平。

目前实现城市化的机遇和条件已经成熟。当前和未来要着重关注小城镇的健康发展，抓住机遇，积极引导，这是农村改革与发展中的重要任务。

（一）城镇的类型

城镇除了按人口分级以外，还可按其在国民经济与社会体系中的地位与作用分成以下几种类型。

1. 综合性城镇

综合性城镇既有发达的工业、商业、交通运输业，同时又设有教育、科研、行政等非经济机构，成为一定区域的政治、经济、文化中心。虽然其中有些已改为“市”的建制，但其规模多数仍在 5 万～10 万人。这类城镇由于有多方面的功能，其用地组成和布局也比较复杂，需要考虑的因素较多，城镇面貌比较丰富。

2. 工矿城镇

工矿城镇包括工业城镇和矿业城镇两类。

工业城镇以工业生产为主，其工业用地和对外交通用地占有较大比重。工业生产之间都有相互协作的要求，在条件许可的情况下，应尽可能集中紧凑地布置。

某些安排有国家重点企业或省级工业企业的城镇，应为其向高一级的中小城市发展创造条件。工业城镇依其安排工业类型的多少可分为多种工业城镇和单一工业城镇。

矿业城镇主要是为采掘工业服务的，如石油矿区、煤矿区和各种金属矿区的城镇。其布局形态随矿井的分布状况而定，大多是分散布局。城镇的规模及其设施的水平也都取决于矿产的蕴藏量及其开采年限。现代许多矿业城镇同时设有加工工业，兼具工业城镇和矿业城镇的特征。

3. 卫星城镇

卫星城镇是最常见的大中城市周围郊区的小城镇。国外在城镇人口“郊区化”的过程中，这类城镇也很普遍。

我国的卫星城镇一般是为了控制大城市市区的膨胀，以分散大城市的工业和人口为主要目的，同时也考虑促进地区经济的发展而兴建起来的，为达到此目的，一般建立“独立式”卫星城镇，以减少其对母城的依赖程度。这就要求有较大的规模，使之能设置多种类型的工业和服务行业，为居民提供多种就业机会，建设完善的生活福利和文化、教育、体育设施，并同母城保持方便、快速的交通联系。在考虑卫星城镇时，应根据不同情况予以不同安排。对一些条件较好、需重点发展的卫星城镇，应考虑生产上专业化协作的要求，适应配套建设的需要，使之具有相对的独立性，并具备创造较高水平的物质和文化生活的条件，以提高其对大城市人口的吸引力。而且在人口规模、规划布局上，都要为其向高一级的中、小城市方向发展创造条件。

4. 具有特殊职能的城镇

这类城镇由于具有特殊职能，因而在城镇建设和布局上有别于其他城镇，如历史文化名镇、旅游风景区、边陲要塞等。

（二）城镇的特点

1. 一定区域内的政治、经济、文化中心

我国有一些小城市是地区（专署）的所在地，是该区域（通常是跨越几个县范围）的政治、经济、文化中心。县城镇、建制镇、集镇又各是县域内、镇（乡域）的政治、经济、文化中心。

2. 数量大，规模小，分布广而不均匀

城镇星罗棋布地分布在我国广袤的大地上，但由于各地区社会经济发展水平的不同，在城镇的分布、规模和质量上呈明显的区域不均匀性与不平衡性。在我国东部沿海经济发达地区，城镇密集，规模较大且发展水平相对较高；而在广大西部地区，城镇稀少，规模较小，发展水平较低。

3. 在经济上具有城市和农村相结合的特点

城镇是处于城市（大、中城市与较大的小城市）与乡村的过渡地带，因而与城市相比，城镇的农业经济比重较大，为农业经济服务的特征明显。同时，随着社会经济的不断发展，城镇的第二和第三产业不断发展与增长，其经济结构、产业结构逐渐向城市型过渡。

4. 人口构成复杂，不同用地穿插

城镇尤其是建制镇（包括建制镇）以下的城镇，其前身多数是以农业为基础的集镇，在镇区范围内还居住着一定数量的农业人口，同时城镇与周围农村之间还存在着相当数量的流动人口（如亦工亦农人口、走读学生等），因此人口构成较为复杂。由于城镇周围为农村，因而城镇建设用地与农业用地往往相互穿插，加之以往对这些城镇的发展缺乏科学规划与严格管理，致使各种功能用地相互混杂。

第三节　现代城镇的性质与规模

确定城镇的性质与规模，是城镇总体规划的首要任务。城镇的性质决定城镇的规划要点。城镇规划要为其性质服务，这是城镇规划和建设的一条基本原则。因此，必须根据国民经济计划及区域规划，对城镇经济发展的新形势和可能发展的新结构充分进行分析研究，发挥地方优势，扬长避短，充分挖掘地方潜力，力求尽量合乎实际，正确地拟定城镇在一定发展阶段内的性质和规模。

正确拟定城镇的性质和规模对城镇规划具有很重要的意义。因为城镇的性质和规模对明确城镇的发展方向、进行城镇合理规划布局、各项建设项目的安排和规模的确定以及各项实践指标的确定都起到很重要的作用。实践证明，只有重视并正确拟定城镇的性质和规模，方能使城镇的不同发展阶段的布局形态都能沿着健康的轨道发展。

一、城镇的性质

（一）城镇性质的含义

城镇性质是指各城镇在国民经济和社会发展中扮演的角色以及在城镇网络中所担负的任务和职责。城镇的形成和发展是人类进步的成果，在过去的历史长河中，城镇的性质和特点随着时代的变迁而不断演变改变。城镇性质是城镇的独特特征，可以反映出所在区域政治、经济、社会、文化、自然和地理等方面的特点。城市不断完善和变革总是伴随着科学技术的进步和社会政治制度的改革。因此，城镇的特征应该随着时间不断变化，并非永恒不变。我们需要将城市性质的认知放进一个特定的时间框架中。城镇通常是一个综合体，拥有多种职能。城镇的本质性质往往反映了其主要职能。

城镇的性质不同，会影响到城镇规划的特点，如规模大小、用地构成和公共服务设施种类，这些方面都非常重要。因此，在制定城镇总体规划时，首先需要确定城镇的性质。这是决定一系列技术经济措施及其相应的技术经济指标的前提和基础。同时，明确城镇特点便于在城镇规划设计中把规划的一般原理与城镇特点结合起来，使城镇规划更切合实际。

（二）城镇性质的确定

城镇性质是指城镇在市（县）乡的一定区域内政治、经济和文化等方面所担负的任务和作用。它是由组成城镇的基本因素的性质（即形成与发展城镇的主导因素的特点）所决定的。明确城镇的性质可以更深入地认识城镇的特点，以便把规划的一般原则和各个城镇的特点结合起来。

1. 确定城镇性质的依据

城镇性质的确定主要从两个方面去认识，一是城镇在其所在地区的政治、经济、文化生活中的作用和地位；二是城镇形成与发展的基本因素。这两个方面的认识，必须通过对区域地理、城镇资源、国家与地区的经济和社会发展计划、城镇的历史和现状资料等方面的条件分析取得。

（1）区域地理

城镇所在地区的地理和自然条件对城镇的形成和发展有重要的影响，在确定城镇性质时必须了解区域的地形、地貌、水文、地质、气象及地震等自然条件、地理环境容量，以及整个区域的交通运输状况和发展前景，还要了解区域的城镇网的分布及发展趋向，这些因素将对城镇的工业企业的位置、布局和城镇的发展起着决定性的作用。

（2）城镇资源

对城镇的发展有直接影响的资源有农业资源、矿产资源、人力资源、森林资源、风景资源、能源资源。

农业资源包括农、牧、副、渔各业的生产及消费情况、发展趋势等。矿产资源包括探明的矿物种类、储量、分布情况、开采条件、利用情况等。人力资源包括城镇及其周围的劳动力资源，从农业转化为城镇人口的情况和前景，城镇青年就业情况等，并且还应包括城镇的科技、文化水平等。森林资源包括森林分布情况、储量、可采伐量、采伐条件、利用情况等。风景资源包括自然景观和人文景观，前者是山岳、河川、树木、洞穴等大自然形成的风景，后者是由于人的活动而形成的历史古迹、革命遗迹及宗教等活动胜地。能源资源是要了解城镇的能源供给情况和来源。目前主要的能源是电力、煤炭及部分水电。在电力供应方面，要了解本城镇的发电和输电设备的情况，电力负荷及供电电站、电网对本城镇的供应情况，在煤、石油的供应方面，主要了解煤的来源、运输、贮存及发展的需要情况。

对上述资源要进行调查分析，做出恰当的评价。

（3）国民经济和社会发展计划

城镇的发展目标要以国民经济和社会发展计划为依据，结合城镇发展的条件综合加以考虑。如在本城镇或附近有无新建大型工矿企业，规划的铁路、公路干线是否经过本城镇，地区的经济发展对本城镇有无新的要求等，这些都会对城镇发展带来重要的影响。

（4）城镇的历史资源

我国的城镇大多数是在旧城镇的基础上发展起来的，这些城镇有较长的建镇历史，研究城镇的历史对今天的城镇规划与建设有重要的借鉴作用。要着重了解产生的社会经济背景和其他地理位置条件，城镇的历史职能与规模，引起城镇发展变化的原因，以及历史上城镇影响的地域范围；城镇对外交通运输情况，包括河、湖的天然通道，特别是运河、铁路、公路的开辟对城镇发展的重要影响；城镇内部物质要素的历史形成或变化的特点，水源地的变化，居住地区和主要建筑群的发展变化等。

（5）城镇的现状

城镇的现状是城镇发展的基础，通过城镇现状调查，掌握城镇现有征税水平和设施状况，城镇各类用地的情况及比例，工业企业的产品、产量、产值，能源供应，“三废”排放与处理，交通运输现状与问题，生产生活设施配置，文化、福利、绿化、环境等方面的情况，为城镇的挖掘、革新、改造提供依据，利用现有城镇的物资、技术条件，为发展生产提供参考资料。

（6）城镇的物质要素

城镇是由工业、对外交通、仓库、居住和公共建筑、园林绿地，以及各项公用设施如道路、上下水、供电等组成的，这些成为城镇的物质要素。在这些物质要素中，如工业、对外交通、行政科研等，对城镇的发展起着重要的作用，了解这些要素在城镇中所占的地位和作用、它们的发展前景等，有助于明确该城镇的性质。每个城镇虽有相同的物质要素，但都有自己的特点与职能，因此反映在城镇的性质上也不完全相同。

2. 确定城镇性质的方法

正确拟定城镇的性质，应综合分析城镇的主要因素及其特点，现有经济结构状态，明确它的主要职能，并且要根据经济发展的趋势分析城镇经济发展的潜力和优势，指明它的发展方向。

确定城镇性质的一般方法是定性分析与定量分析相结合，以定性分析为主，辅以定量分析。

（1）定性分析

定性分析就是全面分析城镇在政治、经济、文化生活中的地位和作用。多数城镇是通过分析城镇在地区内的经济优势、资源条件、农业生产特点、农业发展水平、对工业发展的要求及其与邻近城镇经济联系和分工等来确定城镇的主导工业，并以此推动城镇所属地区的经济协调发展，取得较大的经济效益。

（2）定量分析

定量分析就是在定性分析的基础上，对城镇的职能，特别是采用以数量表达的技术经济指标确定主导的生产部门。分析主要生产部门在城镇所在地区的地位和作用。分析主要生产部门经济结构的主次，一般采用同一经济技术指标（如职工人数、产值、产量等），从数量上加以分析，以其超过部门结构整体的20%～30%为主导因素。分析用地结构的主次，以用地所占比重的大小来表示。

城镇性质的发展变化是一个比较复杂的问题。一般来说，大多数城镇在一定时期内其性质是比较稳定的，但也有一些城镇的性质可能发生一定的变化。例如，矿产资源的发现或矿产资源的枯竭，城镇交通运输上所处地位的变化，以及新的技术因素的出现，常导致原有工业生产组织形式的变化等。此时就要重新修改城镇性质和城镇布局，以适应发展变化的需要。

二、城镇的规模

城镇规模是指城镇的人口规模和用地规模。用地规模随人口规模而变化，所以城镇的规模也可以用城镇人口规模来表示。

（一）城镇的人口规模

城镇的人口规模是一定时期内城镇人口的总数。它是编制城镇总体规划的基础指标和主要依据之一，影响着城镇用地的大小、建筑类型和层数高低及其比例、生活服务设施的组成和数量、交通运输量和交通工具选择及道路的标准、市政公用设施的组成和标准、郊区规模和城镇布局等一系列重大问题。

城镇人口规模的确定，应该弄清城镇现状、基本结构体系、层次与类型及发展趋势，从实际出发，找出各个层次城镇具有普遍意义的推算方法。根据我国近年来的规划实践，一般采用以下几种方法估算城镇人口。

1．叠加法

叠加法是以城镇现有人口为基数，再考虑规划期内人口的自然增长数和机械增长数。三项叠加在一起就构成了城镇规划期内的人口发展规模。叠加法对于以农业经济为主、农业产业人口比较稳定的集市型的城镇，推算结果与实际比较吻合。

2．综合平衡法

在社会经济发展比较平稳的情况下，城镇人口的增长遵循历年人口变化规律与趋势，保持相对稳定的自然增长率和机械增长率。因此，预测期末的人口总数应是初期人口以一稳定的自然增长率和机械增长率增长的结果，即

$$P=P_0(1+N+M)^n \qquad (1-3-1)$$

或

$$P=P_0(1+N)^n+M_e \qquad (1-3-2)$$

式中：P——规划期末人口总数；

P_0——现状人口总数；

N——人口自然增长率；

M——人口机械增长率；

n——规划年数；

M_e——规划期末的机械增长人口总数。

3．回归分析法

用回归分析法推算城镇人口规模，是直接以综合反映城镇各种影响因素的总人口变化数据为依据，简化为用线性回归分析的方法进行计算。这种方法只需具备历年的城镇人口总数即可，不必进行复杂的人口分类调查，也不必研究各人口之间的比例关系。因此，每一年的人口增长的总数已经从客观上综合反映了影响城镇人口的各种因素。它适用于人口发展符合线性方程规律的历史悠久的老城镇。

设自变量为年度 t，因变量为人口规模 y，则相关线性方程式即回归方程的形式为

$$y=a+bt \qquad (1-3-3)$$

由于影响城镇人口的因素很多，有一些可变因素常常是难以预测的。因而，很难说哪种方法很准确，一般只能给出一个大致的控制性数字。实际工作中可多种方法并用，然后分析取用估算结果。

（二）城镇的用地规模

1．城镇用地的概念

城镇用地是指“建成区”用地，它有别于城镇的“行政管辖区”。行政管辖区包括其管辖范围内的镇区和郊区非农业用地和农业生产用地等全部土地。建成区是城镇建设发展到一定阶段在地域分布上的客观反映，包括镇区集中连片的部

分，也包括分散在近郊区内有基本市政设施的城镇建设用地（如布置在镇区以外的城镇工业企业，取水和污水、污物处理设施）。这种集中和分散的用地情况标志着城镇在不同建设阶段的用地规模和分布，反映了城镇布局的基本形态。

城镇建成区一般可以按照下列原则规划：①以城镇外围建设用地的边界连接线作为划定建成区范围的基础，对于个别远离城镇建设用地、与城镇关系不密切的用地可根据具体情况不划入，在备注中加以说明；②参照城镇道路、对外交通线路、工程管网和构筑物的走向与布置，对建成区范围界线进行调整；③充分考虑城镇外围自然地形（河流、湖岸、丘陵、山地等）界线的完整性；④城镇实际建成区往往与行政界线不一致，因此在划定建成区界线时应尽可能与城镇的基层行政界线相一致。

2. 城镇用地的类别

城镇用地通常包括城镇建成区用地、部分农业人口生活居住用地、农副业生产用地。一般来说，规模较小且农业人口比重较大的城镇，后两项用地的比重较大。

（1）城市用地类别

根据《城市用地分类与规划建设用地标准》（GB 50137−2011）的规定，可将城市建设用地分为八大类。

①居住用地：住宅和相应服务设施的用地。

②公共管理与公共服务用地：行政、文化、教育、卫生、体育等机构和设施的用地，不包括居住用地中的服务设施用地。

③商业服务业设施用地：商业、商务、娱乐康体等设施用地，不包括居住用地中的服务设施用地。

④工业用地：工矿企业的生产车间、库房及其附属设施用地，包括专用铁路、码头和附属道路等用地，不包括露天矿用地。

⑤物流仓储用地：物资储备、中转、配送等地，包括附属道路、停车场以及货运公司车队的站场等用地。

⑥道路与交通设施用地：城市道路、交通设施等用地，不包括居住用地、工业用地等内部的道路、停车场等用地。

⑦公用设施用地：供应、环境、安全等设施用地。

⑧绿地与广场用地：公园绿地、防护绿地、广场等公共开放空间用地。

（2）集镇用地类别

对于集镇，根据《村镇规划标准》（GB 50188—2007）的规定，可将用地分为九大类。

①居住建筑用地：包括各类居住建筑及其间距和内部小路、场地、绿化等用地，不包括路面宽度不小于 3.5m 的道路用地。

②公共建筑用地：包括各类公共建筑物及其附属设施、内部道路、场地、绿化等用地。

③生产建筑用地：独立设置的各种所有制的生产性建筑及其设施和内部道路、场地、绿化等用地。

④仓储用地：物资的中转仓库、专业收购和储存建筑及其附属设施、内部道路、场地、绿化等用地。

⑤对外交通用地：集镇对外交通各种设施用地。

⑥道路广场用地：规划范围内道路、广场和停车场等用地。

⑦公用工程设施用地：各类公用工程和环卫设施，包括其建筑物、构筑物及管理维修设施等用地。

⑧绿化用地：各类公共绿地、生产防护绿地，不包括各类用地内部的绿地。

⑨水域和其他用地：规划范围内的水域、农林种植地、牧草地、闲置地和特殊用地。

3. 城镇用地规模的主要影响因素

城镇用地规模受城镇的性质与经济结构、人口规模、自然地理条件和城镇布局特点等影响。

（1）城镇的性质和经济结构

城镇的性质和经济结构不同，其用地构成不同，城镇用地规模也有差异。工矿城镇中工业较多，交通枢纽城镇是物资集散地，需要更多仓储用地和交通运输用地；风景游览城镇中园林绿地占的比重较大；中心城镇公共服务设施要为亦工亦农人口和周围地区农村服务，其公共服务设施用地比一般城镇大。

（2）城镇的人口规模

城镇人口规模直接影响城镇用地规模。城镇人口规模大，一般则建筑平均层数较高、人口密度较大，每人的城镇用地就小，这些因素会给城镇用地规模带来一定影响。

（3）城镇的布局特点

一般情况下，紧凑布局比分散布局节省城镇用地。团状集中式布局比带状布局和城镇分组分散布局节省道路用地，从而也节省城镇用地。

（4）城镇的自然地理条件

在平原沿海地区的城镇布局紧凑，占地少；处于山丘区的城镇布局松散，占地较多。此外，城镇用地规模还受城镇用地的历史情况、新建项目采用的用地指标等影响。

4. 城镇用地标准及用地规模的确定

规划建设用地标准应包括规划人均城市建设用地标准、规划人均单项城市建设用地标准和规划城市建设用地结构三部分。在计算建设用地标准时，人口统计范围必须与城市建设用地统计范围相一致，人口规模应按常住人口进行统计。

（1）城市用地标准

对于城市（设市的城市），规划建设用地标准需根据《城市用地分类与规划建设用地标准》（GB 50137—2011）的规定确定。

①规划人均城市建设用地面积标准：新建城市（镇）的规划人均城市建设用地面积指标宜在（85.1—105.0）m^2/ 人内确定。首都的规划人均城市建设用地面积指标应在（105.1—115.0）m^2/ 人内确定。边远地区、少数民族地区城市（镇）以及部分山地城市（镇）、人口较少的工矿业城市（镇）、风景旅游城市（镇）等，不符合规定时，应专门论证确定规划人均城市建设用地面积指标，且上限不得大于 150.0 m^2/ 人。编制和修订城市（镇）总体规划应以本标准作为规划城市建设用地的远期控制标准。

②规划人均单项城市建设用地面积标准：规划人均居住用地面积指标应符合表 1−3−1 的规定。规划人均公共管理与公共服务设施用地面积不应小于 5.5 m^2/ 人。规划人均道路与交通设施用地面积不应小于 12.0 m^2/ 人。规划人均绿地与广场用地面积不应小于 10.0 m^2/ 人，其中人均公园绿地面积不应小于 8.0 m^2/ 人。编制和修订城市（镇）总体规划应以本标准作为规划单项城市建设用地的远期控制标准。

表 1-3-1　人均居住用地面积指标（m²/ 人）

建筑气候区别	Ⅰ、Ⅱ、Ⅵ、Ⅶ气候区	Ⅲ、Ⅳ、Ⅴ气候区
人均居住用地面积	28.0—38.0	23.0—36.0

③规划城市建设用地结构：居住用地、公共管理与公共服务设施用地、工业用地、道路与交通设施用地和绿地与广场用地五大类主要用地规划占城市建设用地的比例宜符合表 1-3-2 的规定。工矿城市（镇）、风景旅游城市（镇）以及其他具有特殊情况的城市（镇），其规划城市建设用地结构可根据实际情况具体确定。

表 1-3-2　规划城市建设用地结构

用地名称	占城市建设用地比例（%）
居住用地	25.0—40.0
公共管理与公共服务设施用地	5.0—8.0
工业用地	15.0—30.0
道路与交通设施用地	10.0—25.0
绿地与广场用地	10.0—15.0

（2）建制镇、集镇用地标准。对于建制镇、集镇，规划建设用地标准应依据《村镇规划标准》（GB 50188—2007）的规定确定。

①人均建设用地指标：村镇人均建设用地指标应为规划范围内的建设用地面积除以常住人口数量的平均数值。人口统计应与用地统计的范围相一致。

人均建设用地指标应按表 1-3-3 的规定分为四级。新建镇区的规划人均建设用地指标应按表 1-3-3 中第二级确定：当地处现行国家标准《建筑气候区划标准》（GB 50178）的Ⅰ、Ⅶ建筑气候区时，可按第三级确定：在各建筑气候区内均不得采用第一、四级人均建设用地指标。

表 1-3-3　人均建设用地指标分级

级别	一	二	三	四
人均建设用地指标（x、m²/ 人）	$60 < x \leqslant 80$	$80 < x \leqslant 100$	$100 < x \leqslant 120$	$120 < x \leqslant 140$

对现有的镇区进行规划时，其规划人均建设用地指标应在现状人均建设用地指标的基础上，按表 1–3–4 规定的幅度进行调整。第四级用地指标可用于Ⅰ、Ⅶ建筑气候区的现有镇区。地多人少的边远地区的镇区，可根据所在省、自治区人民政府规定的建设用地指标确定。

表 1-3-4 规划人均建设用地指标

现状人均建设用地指标（x、m^2/ 人）	规划调整幅度（m^2/ 人）
≤ 60	增 0—15
60 ＜ x ≤ 80	增 0—10
80 ＜ x ≤ 100	增、减 0—10
100 ＜ x ≤ 120	减 0—10
120 ＜ x ≤ 140	减 0—15
140	减至 140 以内

注：规划调整幅度是指规划人均建设用地指标对现状人均建设用地指标的增减数值。

②建设用地比例：镇区规划中的居住、公共设施、道路广场，以及绿地中的公共绿地四类用地占建设用地的比例宜符合表 1–3–5 的规定。邻近旅游区及现状绿地较多的镇区，其公共绿地所占建设用地的比例可大于所占比例的上限。

表 1-3-5 建设用地比例

类别名称	占建设用地比例（%）	
	中心镇镇区	一般镇镇区
居住用地	28—38	33—43
公共设施用地	12—20	10—18
道路广场用地	11—19	10—17
公共绿地	8—12	6—10
四类用地之和	64—84	65—85

第四节 现代城镇的发展前景分析

在当前的历史时期，城镇已成为县域经济发展的核心，并且成为推动农村经济和社会进步的主要力量，可以带动所在区域的农村经济和社会发展。推进城镇建设是实现农村城镇化和城市现代化的必然选择，同时也是有效调整农产品结构、推动农业产业化的主要途径。充分认识发展城镇对农村经济和社会发展的重要影响是一项重大战略，旨在促进全面发展。在城镇建设中，应充分考虑地方特色和地区差异性，避免单一性，同时还需注重保护文化遗产和自然景观。在编制城镇规划时，应当综合考虑经济、社会和环境各方面的全面发展，合理确定人口规模和用地面积，不仅要严格按照建设标准进行规划设计，同时也要避免不必要的扩张和随意布局。

在考虑城镇建设和发展时，需要从中国的实际情况出发，并参考国外城市化的发展模式，制订长期而渐进的社会系统工程计划，以确保做好城镇建设工作。城镇发展不仅有助于促进农村经济增长，推动社会进步，还有助于实现城乡协调发展，并具有深远的历史意义。通过发展产业促进城镇建设，借助城镇建设推动农业产业化进程，致力于可持续发展，最终实现乡村都市化和城乡一体化，从而达到人与自然和谐发展的目标，这是一种可行的路径。

第二章　现代城镇规划的基本理论

城镇规划是城镇建设的宏伟蓝图，是城镇未来经济社会发展目标以及实现该目标而采取的行动步骤和具体措施。因此，城镇的规划设计必须继承过去、尊重现实、预测未来，以政策、法规和法令为保障，为城镇创造良好的经济发展环境，促进城镇发展，改善居民生活。

城镇规划的任务是从城镇现状出发，充分考虑当地的经济、资源和发展的方向，制订经济和社会发展计划，再根据一定时期内城镇的经济社会发展目标，确定城镇的性质、规模和发展方向，合理利用城镇资源，协调空间功能布局，统筹安排土地征用、基础设施和公用服务设施及其他各项建设。本章主要论述了现代城镇规划的目标分析、现代城镇规划的理论基础、现代城镇规划的基本原则三个方面的内容。

第一节　现代城镇规划的目标分析

城镇是社会生产力发展到一定历史阶段的产物。城镇在发展初期，在聚落选址布局等方面实际上已考虑到了生态平衡的问题。然而，随着工业化、城市化、城镇化进程的加快，城镇发生了根本性的变化。大量人口向城镇聚集，采取无序、扩散式的模式快速推进城镇发展，导致城市生态环境恶化，破坏了城镇的生态平衡。除此之外，工业生产中产生的污染也可能导致环境质量的恶化，如空气与水的污染及热岛效应等。城市居民面临着生存和环境恶化之间的严重矛盾，城市成了人类与自然矛盾最为突出的区域。因此，为了让人与自然和谐共生，人们一直在探索理想的城市环境模式。近年来，有一种被称为“生态城市”的理论出现了，旨在实现这一目标。通常，“生态城市”指的是那些环境优美，资源利用合理，环境保护法律、法规和制度得到有效执行，经济循环模式的普及率飞速提高，人类与自然和睦共处，人们养成生态文明习惯的城市。因此，城市规划和建设也需要朝着这一目标努力，以实现城乡融合发展。

一、生态城市的概念和特点

（一）生态城市的概念

生态城市这一概念是在20世纪70年代联合国教科文组织发起的人与生物圈计划（man and biosphere，MAB）研究过程中提出的。这个城市概念和发展模式一经提出就引起全球的广泛关注。但是，关于生态城市的概念从不同的角度看有着不同的解释，至今还没有公认的确切的定义。苏联生态学家杨尼斯基（O.Yanitsky）认为生态城市是一种理想城市模式，其中技术与自然充分融合，人为创造力和生产得到最大限度的发挥，居民的身心健康和环境质量得到最大限度的保护，物质、能量、信息高效利用，生态良性循环。[①] 美国生态学家理查德·瑞杰斯特（Richard Register）则认为，生态城市即生态健全的城市，是低污染、节能、紧凑、充满活力并与自然和谐共存的聚居地。[②] 中国学者黄光宇教授撰文《田园城市、绿心城市、生态城市》，认为生态城市是根据生态学原理，综合研究城市生态系统中人与“住所”的关系，并应用生态工程、环境工程、系统工程等现代科学与技术手段协调现代城市经济系统与生物的关系，保护与合理利用一切自然资源与能源，提高资源的再生和综合利用水平，提高人类对城市生态系统的自我调节、修复、维持和发展的能力，使人、自然、环境融为一体，互惠共生。

从哲学角度来看，生态城市的本质在于实现人与自然的协调一致。从经济学的角度来看，生态城市的经济发展方式采用循环经济模式，即在遵循生态学原理的前提下，合理利用自然资源和环境容量，将清洁的生产和废物的利用有机融合，促进废弃物的减量化、资源化和无害化，实现资源高效利用的经济增长模式。从社会学的视角来看，生态城市的教育、科技、文化、道德、法律和制度均会朝着生态化的方向发展。从城市学的角度来看，生态城市具有合理的社会、经济和自然的双重功能，形成了复合生态系统。这种系统具有稳定的功能，

---

① 郑德高．城市规划方案评价[M]．北京：中国城市出版社，2013.

② 郑德高．城市规划方案评价[M]．北京：中国城市出版社，2013.

能够实现动态平衡状态。

总之，从不同角度研究生态城市，它会有不同的解释。但是，我们可以看出，以上所说并不是独立的，它们之间是互相联系和交叉的，只不过从不同的侧面反映了生态城市的含义。

综合以上分析可以发现，生态城市已经不再仅仅注重自然环境的美观和绿地的多少，也不仅是为了防止环境污染和保护生态环境。更为重要的是，它是一个包含社会、经济和自然等多种因素的复合系统，其目标是实现全面、可持续的发展。综合而言，生态城市的构建涵盖了社会完善化、经济可持续性及自然保护和恢复三个方面。这三个方面相互融合，共同实现了城市的综合生态化。

从以上对生态城市的简述来看，很难对生态城市的概念进行系统归纳，因为其中包含了很多要素。被广泛认同的“生态城市”的定义是，一个建立在生态学原理基础上的居住区，其中社会、经济和自然资源得到平衡发展。这一类型的城市高效地利用物质、能源和信息，推动生态良性循环。它是以城市空间为主要区域，外围地域包括农业地区、自然景观和卫星城镇，实现了生活、工作和居住的平衡，各项设施齐全，同时也具有生态环保作用，是一个地理上完整的单位。它通常以社会、经济和自然三个体系复合的形式存在。

“生态城市”属于当今最新的城市发展模式，随着社会进步和科技发展，其内涵将不断丰富和完备。目前，生态城市的定义已涵盖了多个领域，如社会、文化、历史和经济等方面，并呈现出一种更加全面的发展方向，其中体现了广义生态观的思想。虽然某些称呼如“绿色城市”“园林城市”“环保城市”“健康城市”“山水城市”等表达了关于生态城市的观点和内涵，但这些称呼的广义生态观尚未得到充分的呈现。

从某种意义上来说，生态城市就是城市可持续发展的最高水平的体现。

（二）生态城市的特点

生态城市与传统城市相比有本质的不同，主要有以下几个特点。

1．生态城市的和谐性

生态城市的和谐性不仅表现在人与自然之间的相互关系上，也体现在人与人之间的相互关系上。这种和谐性不仅需要实现人与自然的共生、人归于自然、自然与城市的融合，更需要人与人之间和睦相处。在现代社会的发展过程中，我们过分依赖高科技手段来保护自然环境，这种做法破坏了人类赖以生存的生态环境。这种行为危及了我们自身的生命安全，并破坏了整个社会系统的生态平衡。生态城市就是要营造能够满足人类自身需求的聚居环境，人文气息浓厚，形成人与人之间互帮互助的群体，富有生机与活力，达到人、自然、环境、社会和谐共生的目的。

2. 生态城市的高效性

生态城市的运行机制是强调提高所有资源的利用效率，充分利用资源，实现资源的多层次分级利用，实现废弃物的再循环利用，以及不同行业和部门之间的协同共生。

3. 生态城市的持续性

生态城市秉持可持续发展理念，在不同时间、空间上合理分配资源，以满足现代及未来后代的发展和环境需求，保证城市健康、可持续和协调发展。

4. 生态城市的整体性

生态城市的价值在于它不仅考虑了环境美观和城市繁荣，而且兼顾了社会、经济和环境三个方面的整体效益。生态城市不仅注重经济发展和生态环境的协调，而且更加重视人类生活质量的提高，致力于在整体协调的新秩序下实现可持续发展。

5. 生态城市的区域性

生态城市是一种涵盖城乡区域的概念，建立在区域平衡基础上。城市与城市之间相互联系、相互制约，只有实现区域内协调平衡，才能打造和谐的生态城市，以人与自然的和谐共生为价值取向。为了达成这个目标，需要在全球加强合作，实现资源和技术的共享，建立一种互利互惠的网络体系，并促进全球生态的平衡。

二、生态城市的创建

工业化加速了城市化的发展，使自然资源消耗量大大增加；同时环境污染日益加剧，导致生态系统无法实现循环，直接影响了人类社会经济、生活等各个方面。于是人类开始重新审视人与自然的关系及生存发展的方式，关注城市与建筑的建设方式与发展趋势，由此产生了生态城市的建设模式。

虽然现代城市与生态城市有一定的差距，但我们不应以此为由就认为生态城市是无法实现的空想。从现代城市向生态城市转型需要历经漫长的发展过程，这将需要几代人同心协力，共同努力。美国生态学家理查德·瑞杰斯特提出了生态结构革命的倡议及生态城市建设的10项计划，也是西方国家创建生态城市的10项内容：

（1）培育与提高人们的生态意识；

（2）致力于疏浚城市内部、外部物质与能量循环途径的技术和措施研究，减少不可再生能源的消耗，保护和充分利用不可再生资源；

（3）设立生态环境城市建设的管理部门，完善生态城市的管理体制；

（4）对城市进行生态重建，以求给居民创造多样的自由生存空间；

（5）建立和恢复野生生物生存环境；

（6）调整和完善城市生态经济结构；

（7）加强旧城市废弃土地的生态恢复；

（8）建立完善的公交系统；

（9）取消汽车补贴制度；

（10）制定政策，鼓励个人、企业参与生态城市建设。

这10项计划涵盖了西方国家在生态城市建设方面的关注点和发展方向。中国可以在生态城市建设方面借鉴这些经验，并根据国情和城市实际情况，从以下几个方面做好生态城市建设工作。

（一）提高全民素质，普及生态意识

要实现城市生态化发展，就需要先提高全民素质。这意味着必须进行广泛的宣传和教育，普及生态知识，弘扬生态价值观，让公众尤其是领导层逐渐转变观念，认识到人类与自然的相互关系，倡导并营造人与自然和谐共生的生态环境。只有人们树立正确的价值观，才有可能改变自身的态度和行为。另外，还需要建立一个完整的法规体系，以适应城市生态化发展的需求，确保城市生态发展得到法律和制度的保障。

（二）对已有的城市规划按照生态城市建设的要求进行修改和完善

这需要在经济、社会和生态系统之间达到有机协调的平衡，在资源利用和环境保护方面达到恰到好处的平衡，以体现现代城市生活的优点，同时也具备自然

的本真、清新和安宁。在这种情况下，城市建设需要追求经济、社会和生态三方面目标的协调一致。按照生态城市规划的要求，对现有城市规划进行修改和完善，并建立一个包含经济、社会和环境三个要素的指标体系，以实现生态城市规划的目标。

要建立一个符合经济发展内在规律的生态经济系统，需要聚焦于速度、结构和效益三个关键点，同时也需要加快能流、物流和信息流的高效流动。这个系统应该合理分配各产业的比例，使得资源得到高效利用。

在建立社会发展指标体系时，应强调人民至上、关注人居环境改善、加强基础设施建设、提升人民素质和生活品质，以提升城市整体功能与促进城市协调发展。

在生态环境发展指标体系中，需要同等强调环境污染防治和生态保护性开发，以建立城乡一体化的正向生态循环系统，并持续提高环境质量，实现自然资源的可持续利用。在制定城市生态规划时，应基于经济社会发展计划，运用社会发展指标体系合理规划城市的经济和生态活动，准确确认城市经济和生态功能、生态资源的分配规模和布局，确保城市各项活动与生态城市的标准相符。在城市开发和建设中，应当优先考虑加强生态功能，保护自然原生态的绿地，并改善城市的生态环境。

（三）充分利用自然能源，发展环保产业

在建设生态城市的过程中，应该大力发展环保产业，充分利用自然资源，如水力发电、风力发电、生物能、太阳能和核能等清洁能源，为减少或消除有害物质的排放做出贡献，实现资源和能源循环的综合利用，这是生态城市建设的重要目标。“生态城市”产业的三个共性表现为：首先，需要采用先进技术，推进生态农业和城市园林的发展；其次，旅游业应该以保护生态环境为主要目标；最后，环保产业已经成熟，并且具有一定的拉动力。生态城市的可持续发展得益于其物质循环系统呈现出三个显著特点：首先，所使用的材料本身具有高性能和清洁安全的特质，且不含任何有害毒素。其次，该系统具备可靠的材料循环再利用机制，确保最终产生的废弃物能够被有效降解或对环境造成无害影响。替代材料的研发和应用可以保证材料的可持续供应。当然，在生产和生活中也需要广泛采用清洁能源，进行垃圾分类收集和处理，并回收可再利用的资源。同时，呼吁大众减少白色污染，

倡导使用可重复利用的包装袋或纸袋，在日常生活中减少对环境的污染。

（四）建立清洁合理的城市交通体系

清洁交通应包括各种无污染或少污染的交通方式，如地铁、电车，以天然气或其他清洁能源为动力的公共汽车、出租车和自行车等。通过管理的强化和改进，加强各交通工具之间的协调配合，充分发挥各种运输方式的作用，从而达到提升运转效率的目的。目前虽然我国私家车拥有量快速增长，但是鉴于其给城市发展带来的负面影响，我们应该采取新的思路，构建以完善的公共交通系统为基础，私人交通作为补充的城市清洁交通体系。

（五）做好城市园林绿地规划，保护绿色城市

生态城市必须进行城市园林绿地规划，确保城市居民在符合相关标准规定的城市绿地面积内生活。因此，在规划城市园林绿地时，需要将点、线、面相结合，不仅要维护好城市公园和道路两旁的植被，还要积极考虑建立立体绿化景观。例如，在立交桥、建筑屋顶、墙面、路灯柱等处引入绿化元素，以扩大城市的绿化面积，从根本上解决建筑与绿化争地的问题。还可以鼓励和引导市民在阳台等空间进行立体绿化，以促进城市生态功能的不断增强，提高城市自我净化能力。此外，必须保证城市之间有充足的间隔空间和绿化覆盖面积。通过对交通要道沿线布局的调整，逐步搬迁那些不合理的项目。在规划城市绿地时，我们应该充分利用生物多样性的特点，建设多层次、多功能的绿地，包括分散的小块绿地、行道树绿化和大面积公园绿地，同时还需与保护基本农田和田间地头相结合，实现城乡绿化的一体化，优化城乡的生态环境。

（六）重视城市之间、区域之间的合作

城市不能只关注自身的发展，也不能将本地的污染问题推卸给周边地区，更不能过度开发外部资源。只有重视城市之间、区域之间的合作才能朝着生态化的方向发展。还要加强城市、区域甚至国家之间的合作，建立公正的协作关系，实现技术和资源的共享，以形成互惠共生的网络系统。城市在发展中有责任和义务在其管辖范围或受其控制下的活动不会对其他城市或整个地区的利益造成任何损害。

创建生态城市需要考虑社会、文化、历史和经济等多个因素，其中融合了可持续发展理念，以达到生态平衡的目的。生态城市是一种具有社会和谐、经济高效和生态良性循环特点的城市形态，它将自然与城市融合在一起，实现了相互促进、互惠互利的关系。生态城市需要考虑的不仅是土地资源可承载能力，还要以某种生存生活质量为前提来确定可容纳的最大人口负载量，以实现自然、经济、社会文化等多方面的和谐发展。生态城市的初衷与愿景是为了提升人类居住环境的质量，追求人类和自然之间的和谐关系（包括人类自身、人类与自然之间以及自然环境之间的和谐）。其中，在实现自然环境和谐和人类与自然之间的和谐的基础上，生态城市同时致力于实现人与人之间的和谐，这是生态城市建设的最终目标。

建设生态城市需要在诸多方面进行大量的努力和工作，包括但不限于调整城市产业和布局结构、加强绿化建设、保护历史文化名城、改善河道、提高水质纯净度、规划交通运输体系、合理利用能源、设计城市景观等。目前，我国的生态城市规划和建设正处于起步阶段，相关的理论、规划方法、设计理念和管理措施都还不够成熟。因此，我们需要引入生态学理论、城市规划、环境保护及园林景观等多个学科，同时需要政府、企事业单位和公民共同努力。

三、国外发展生态型城市的标准和要求

联合国关于生态城市的标准是：

（1）有战略规划和生态学理论作为指导；

（2）工业产品是绿色产品，提倡封闭式循环工艺系统；

（3）走有机农业的道路；

（4）居住区标准以提高人的寿命为原则；

（5）要保护好文化历史古迹，自然资源不被破坏，处理好保护与发展的关系；

（6）把自然引入城市。

美国、澳大利亚、德国和日本等国家对生态型城市建设计划提出了基本的要求和具体标准。澳大利亚从1994年开始，在阿德莱德城中发起了一个生态城市计划，其要求有12条：

（1）恢复退化的土地；

（2）建设工程适合于当地生物群落的特点；

(3) 开发强度与土地生态容量相协调，并保护开发地的生态条件；

(4) 按生态条件有效限制城市的过度扩展；

(5) 优化能源利用结构，减少能源消耗，使用可更新能源、资源，促进资源再利用；

(6) 维持一个适当的经济发展水平；

(7) 提供健康与安全的生活条件；

(8) 提供多样的社会和社区服务活动；

(9) 保证社会发展的公平性；

(10) 尊重过去的发展与建设历史，保护自然景观和人文景观；

(11) 倡导生态文明建设，提高居民生态意识；

(12) 改善自然生态系统状况（包括大气、水、土壤、能量、生物量、食物、生物多样性、生态敏感地、废水循环再生等）。

第二节　现代城镇规划的理论基础

一、城镇规划的理论基础

城镇规划是对城镇从宏观到微观、从二维到三维、从地上到地下进行全方位系统的规划，需要综合考虑城镇的各项建设，包括城镇的工业、农业、交通运输、生活居住、市政设施、公用设施、文教卫生、商业服务、园林绿化等各个方面，必然要涉及城镇社会学、经济学、社会心理与行为科学、地理学、生态学、城镇行政管理学等领域的知识。因此，城镇规划要不断从与它相关的这些学科中吸取相关的内容，并充实到城镇规划的理论和实践中，以便完善城镇的规划。

二、城镇规划的理论依据

城镇规划是对城镇各项建设进行部署，涉及社会、经济、环境、文化、教育等众多部门，因此在城镇规划之前，必须要学习和了解一些国家及地方的政策性文件，如国家城镇发展战略及社会经济发展对城镇规划建设的宏观指导和相关要求；当地对城镇发展的战略要求及国民经济和社会发展计划；上级政府及相关职能部门对城镇建设发展的指导思想和具体意见等。

城镇规划也要根据地方特点，尊重现实，因地制宜地编制，因此要很好地了解以前城镇规划的资料以及上一级规划对该城镇的战略要求，如城镇体系规划、城镇的专项规划、镇域土地利用总体规划、城镇总体规划、城镇规划指标体系等。

另外，还要遵循国家及地方有关城镇规划的规范、标准及办法，如《中华人民共和国城市规划法》《中华人民共和国土地管理法》《中华人民共和国环境保护法》《城市规划编制办法》《城市规划编制办法实施细则》《村镇规划标准》《村庄和集镇规划建设管理条例》《村镇规划卫生标准》；各省（自治区、直辖市）、地（市、自治州）、县（市、旗）村镇规划技术规定、建设管理规定、编制办法等。

由此可见，城镇规划必须遵循以上几方面的依据进行，这些依据是搞好城镇规划的前提和基础。

第三节　现代城镇规划的基本原则

一、坚持城乡协调发展的原则

在区域经济社会发展战略指导下，做到产业发展分布均衡、人口分布均匀合理、土地利用高效率、生态环境达到综合平衡的城乡有机整合，促进城乡经济、社会、文化相互渗透、相互融合，达到城市与乡村一体化、区域整体经济等协调发展。

二、坚持人文主义原则

充分发掘当地的乡土特色和地域特点，强调人文关怀，因地制宜地创造舒适的人居环境。特别是在全球同质化趋势日益明显的今天，城镇的独特魅力能通过挖掘当地的传统特色建筑、道路布局、历史场所和文化符号（如树木、巨石、风俗习惯等）来展现。即使是建设新的城镇，也应遵循当地社会和文化特征，以增加地方文化内涵，并与历史文脉相连，保持城镇的原貌。

三、坚持开发节约并重、节约优先，科学合理规划的原则

合理利用城镇土地，节约用地，充分发掘城镇用地的潜力和内涵，严格控制城镇用地的外延和无限制地扩张，同时进行科学合理的规划，节约能源、节约用水、节约材料，加强资源综合利用，指导城镇健康有序的发展。

四、坚持城镇建设标准适当的原则

充分利用城镇现有设施进行改造和扩建或提高，制定适合本城镇发展的建设标准。可以将国家的标准体系框架作为基础，结合当地自然条件、历史文化和经济社会发展特点，重点在城镇基础设施建设、城镇服务提供、城镇服务保障和资源环境四个方面，组织制定一批标准规范。

五、坚持近远期相结合的原则

以近期为主，注意近期建设的完整性和远期发展的适应性和协调性。城市规划和建设必须符合国家和城市的实际情况，科学预测城市的发展状况，正确处理近期建设和远景发展的要求。应当使城市的发展规模、各项建设标准、定额指标、开发时序同国家和城市的社会经济发展水平相适应。

六、坚持生态平衡的原则

保护城镇原有的生态、古迹等风貌，尊重历史、尊重现状，注重生态环境的保护。在城镇化背景下，生态城市规划建设的首要原则是以环保理念为规划基础，转变传统的以经济发展为主体忽视环境保护的规划建设思路，坚持以社会主义可持续发展观为主要指导思想，保障人与自然和谐共处，在不破坏生态环境的基础上发展城镇化建设，推动社会经济持续发展。

第三章　现代城镇工程设施规划设计

随着社会的进步，工农业生产的发展，人民物质生活水平的提高，现代城镇建设既要满足人们生产和生活的基本需要，满足城镇的现代生活和社会发展的需要，还要提供卫生和舒适的生活和工作环境，要求有相应的城镇基础设施来支持，即在城镇建设中设置给水、排水、电力电信、交通、人防、防洪等城镇基础设施系统，以完善城镇建设，从而构成城镇规划、城镇建设工程丰富的内容。城镇基础设施规划质量的好坏，常常关系到整个城镇规划的成败。这也是现在越来越多的城镇人民政府重视城镇基础设施规划的根本原因。本章主要讲述了现代城镇道路工程规划设计、现代城镇给排水工程规划设计、现代城镇电力工程规划设计、现代城镇电信工程规划设计几个方面的内容。

第一节　现代城镇道路工程规划设计

一、城镇道路交通的特性及道路的分类

（一）城镇道路交通的特性

城镇是人们居住、工作、文化、商贸等设施的综合体，城镇的一切活动都有自身的规律。人们日常的上班、购物、娱乐、体育等活动都是经由一定的出行后才能进行。因此，交通出行跟城镇的正常运转密切相关，城镇交通工程的交通特性可归纳为以下几点。

1．交通流的流向和流量有明显的时间规律

由于城镇生活有很强的时间规律性，如按时上班、按时上学等。这就决定了有相当数量的城镇居民必须在一天的同一时刻，经城镇交通工程干道到工作场所或学习场所。一般规律是早晚各形成一次人流、车流高峰，而在这两次高峰之外

的时间内，道路上的交通量明显减少。

因此，在交通工程规划设计中，通常会选取某个小时的交通量作为参数，并以高峰小时交通量作为评估交通道路最大通行能力的依据。需要注意的是，高峰小时交通量并非全年最大的交通量，而是经过全面考虑后得到的一个合理估算值。由于城镇生活方式相对稳定，因此城市交通与一般公路交通不同，其交通量在季节、月份、每日变化较少。根据国内的数据统计，城市道路的高峰小时交通量与全年平均日交通量之比（即高峰小时系数）大约在 8%～15% 之间，而在城市中心区，该比例通常趋近于 10 %，在郊区的道路上可能会达到 15% 的比例。

2．城镇道路上各种交通方式并存

城市居民的出行起点和终点不同，出行路线也各有不同，因此不可避免地会有选择不同交通方式的差异。城市交通中，各种货车和交通工具相互穿行，使得行人、自行车和机动车相互混杂的矛盾尤为显著。

3．道路功能区分不明确，技术等级低

很多城镇建立在过境交通干线上，但道路交通网络规划不科学，导致道路功能区分不明确，技术等级较低。这不仅影响了城镇生活，还对过境交通造成了严重干扰。此外，道路系统和断面的设计也与现代交通发展不相适应。体现为：道路没有连贯的规划，导致道路中断；道路的用途不清晰，且道路的性质与道路两侧的地块所承载的用途不协调，甚至存在多种交通功能集中在同一条路上的情况；道路设计不规范，技术等级较低，横截面上的行人通道很窄；道路系统整体功能的发挥受到道路平、纵曲线设计，行车视距，路面质量等多种因素的影响，这些因素多多少少都存在一些问题。

4．交通设施与交通管理不健全

城镇交通设施不完备，交通管理不够严格，导致停车场地缺乏，或停车场布局不合理，影响车辆停放秩序，使车辆乱停乱放，导致交通阻塞。城镇交通管理存在以下问题：交通标志、指挥信号等设施不足，部分驾驶员和行人的交通法规意识淡漠，缺乏足够的城镇交通管理人员且管理不到位。这些因素很容易导致城市道路交通的拥堵和混乱。

5．车辆增长快，交通发展迅速

随着城镇及农村经济的繁荣，商品流通日趋活跃，各种类型车辆的保有量大幅上升，交通流量急剧增长，对小城镇道路交通系统提出了更高的要求。

（二）城镇道路的分类及分级

道路交通的分类和分级是根据城镇道路的性质功能、位置、交通流量的特点决定的，一般分为城镇外部道路和城镇内部道路两类。

1. 城镇外部道路

城镇外部道路是联系城镇之间的交通系统，一般属于公路范畴。

2. 城镇内部道路

城镇内部道路是连接城镇范围内的主要交通系统，通常由以下三种不同类型的道路组成。

（1）主干路

主干路是连接城镇不同分区的、车速为 40 km/h 的干道，其主要功能在于交通。当自行车流量较大时，最好采用机动车道和非机动车道分离的方案，这可以通过建设三车道或四车道来舒缓交通压力。不应在主干路的两旁设置能够吸引大量汽车和人流进出的公共建筑入口和出口。

（2）次干路

次干路是限制车速在 20～30 km/h 的次要道路。城镇道路网需由主干路和次干路结合而成，以便于车辆的集散和交通，同时也兼具服务功能。

（3）支路

支路限定的速度为 20 km/h，支路的作用是连接干路和街坊路，以解决小区内部的交通需求并以服务为主。

二、城镇道路系统规划

（一）城镇道路系统规划的基本要求

1. 适应城镇交通的要求

为了满足城镇交通运输的需求，必须进行道路系统的规划。为了实现城镇中各组成部分之间方便、安全、经济、快速的交通联系，我们需要建立一个主次分明、分工明确、合理的交通运输网络。

规划道路系统时，必须使全年最大的平均人流量能沿着最短的路线通行，也就是使道路的曲度系数尽量接近 1。

$$曲度系数\lambda = \frac{顺着街道的两点间距离}{两点间的直线距离} \qquad (3-1-1)$$

要使所有的道路曲度系数均等于 1，事实上是不可能的。在规划中次要道路的曲度系数可以比主要道路的曲度系数大一些，但最大也不宜超过 1.4。

2. 符合城镇所在地的自然地理条件

城镇道路占地面积大、投资多，在各项基础设施费用中所占比例最大，下列因素都会影响到城镇道路建设的经济合理性。

（1）地形

一般当自然地面坡度≥ 10% 时，就宜将主要道路与等高线成 20°～45° 的夹角（图 3-1-1）。当地面坡度大于 12%～15% 时，则应考虑设置回头曲线，回头曲线的主曲线最小半径按 15～20 m 控制（图 3-1-2）。曲线展线会造成行车条件差、排水管道布置困难、高低线位之间的用地不好安排等问题。城镇干道应尽量避免采用回头曲线的展线方式。

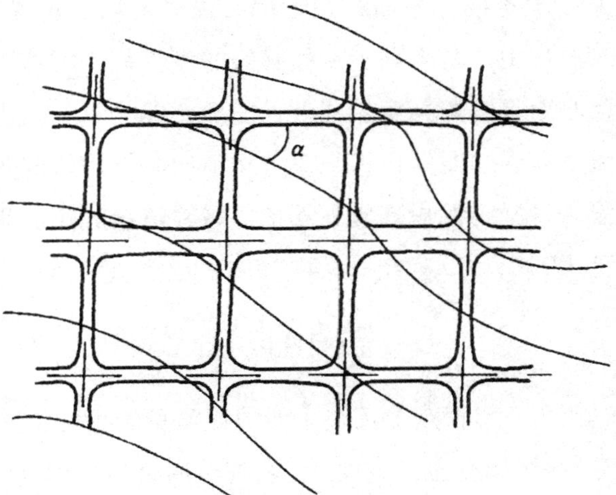

图 3-1-1　道路与等高线斜交示意图

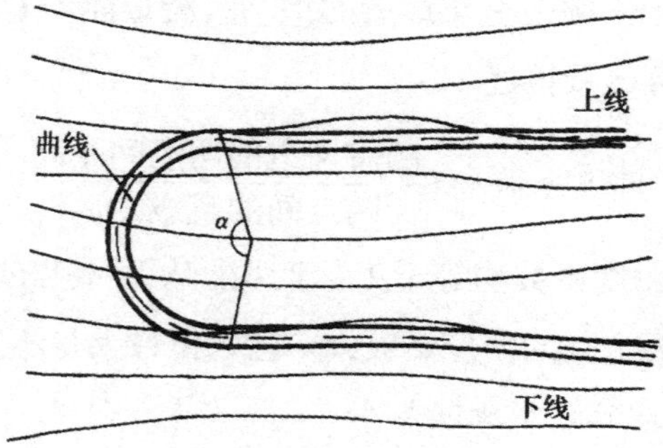

图 3-1-2　道路回头展线示意图

（2）地质

水文不良软弱土基、湿陷土、膨胀土等不宜布设荷载重、行车密度高的交通性干道。因为处理不良地基的费用很高，城镇干道中线标高不低于城镇设防的洪水位标高，干道选线最好避开泥石流地区和山洪沟谷。城镇道路定线还应注意避开陡坡、洼地、山崖及地质破碎地带。

3. 利于城镇基础设施建设

城镇道路是城镇给排水、电力电信、热力、煤气等市政管线的主要走廊，在决定路网形式及某干道走向、平面线型时都必须满足综合布置各种管线的要求。在比较路网方案的过程中，是否利于工程管线的设置是一项不可省略的指标，也是评价路网经济合理性的基本内容之一。

4. 合理的密度

对于城镇建设来说，道路总长度（ΣL）与城镇建成区面积（ΣF）的比值叫城镇的路网密度（D）。

$$D=\frac{\sum L}{\sum F}(\mathrm{km/km^2}) \qquad (3-1-2)$$

路网密度的概念在一定程度上反映了城镇道路量的指标，这个指标愈大，城镇道路密度亦越高，居民出行也愈方便，但密度过高必然增加过多的路线交叉，使交通速度大大降低，导致路网系统的效率下降。此外，过高的密度还使用地大幅度增加，减少了城镇其他用地的安排。一般城镇道路网密度为 1.9～2.5 $\mathrm{km/km^2}$，用地集中紧凑的城镇、城镇中心区密度可取上限，反之取下限。

除了路网密度指标，近来国内外还普遍采用道路面积率的概念，即某用地上的道路面积占该用地面积的百分数叫作用地的道路面积率。目前，一般城镇的道路面积率均在 10% 以下。这个指标远远落后于发达国家目前的 15%～25%。较大城镇及交通枢纽城镇远期可按 15% 的道路面积率来控制道路用地，一般城镇按 10% 左右控制。

道路间距可参考下列数据：

城镇主干路：500～800 m；

城镇次干路：300～500 m；

城镇支路：100～300 m。

5. 利于改善城镇环境，体现城镇风貌

道路的走向、宽度对城镇日照、通风条件都有很大影响，南北向道路有利于临街建筑获得较均匀的日照。为使两个方向的道路都处在较有利的方位，规划时将主要道路与南北子午线成 −30° ～+60° 的夹角，尽量避免正东西向道路。交通性干道则不能正东西向定线，除非有很好的防眩设施。炎热潮湿地区的城镇，干道走向应平行于夏季主导风向；干旱、寒冷地区的城镇道路为避免寒流风沙的侵袭，干道则要与常年主导风向有 −45° 以上的偏角；位于谷地、低洼地带的城镇，道路选线应考虑利于疏导静风流动，改善城镇的大气质量。行车密度高的交通性干道、城镇过境公路尽可能布置在地势较低的下风向，以减少噪声和汽车尾气对城镇的污染。

城镇道路不仅是交通地带，还是街景的重要组成部分。道路的平纵线型、红线宽度、绿化带布置都应与两旁建筑物取得协调。大型公建、娱乐中心、写字楼集中的街道，路线宜直，红线宜宽。普通商业街可适当弯曲，红线不宜太宽，便于创造一种轻松、舒适的环境氛围。为避免给人留下低矮拥挤的印象，城镇重要干道不应设置半径较小的凹形竖曲线，有对景的路段应向着街道对景安排适当的上坡。城镇主次干道的弯道处不应有多起伏的纵断设计，因为那样会引起沿街景物不连续的错觉。绿化布置宽度常以占道路总宽 15%～30% 为宜，滨河路、城镇干道可取上限，一般道路取下限。

（二）城镇道路系统的形式

将城镇道路系统的平面几何构图加以归类，可大致分为方格式、放射式、自由式、混合式四种。在进行规划设计时，应因地制宜，满足城镇的生产、生活需要。

1. 方格式

其特点是街道呈直线，交叉口多为直角，构成一个个矩形街坊，使整个城镇的布局犹如棋盘一般，故又称作棋盘式。这种形式的优点是街道整齐规划，有利于建筑物的布置，方向易于识别。缺点是对角线两点间交通不便，即曲度系数较大，一般为1.2～1.4。由于路线均为直线方格，故多用于地势平坦地区。如地势起伏多变，不宜采用这种形式。

2. 放射式

其特点是多由公共中心向四周放射的几条道路，与环绕公共中心布置的几条环形道路，像蜘蛛网一样，构成整个居民点的道路系统。这种形式的优势在于，交通方便顺畅，以中央为中心，路线不仅有直线也有曲线，更适应地形。这种形式有一些缺陷。比如，会将街区切割成不规则的片段，道路交叉口会形成许多锐角，这会给建筑物的布置带来困难，而曲折的道路也会让人们难以辨认方向。对大多数城镇而言，中心区到各个区域的距离相对较近，因此没有必要采用完全的放射形式。只有人口密集的城市才会考虑采用这种方案。

3. 自由式

其特点是道路方向与线型随自然地形而变化，路变曲，没有一定的几何图形。这种形式的优点是可以很好地结合自然地形，减少道路工程土石方量，节省投资，而且能充分利用自然景色，故多用于山区和丘陵地区。

4. 混合式

其特点是前面两种或三种形式混合使用，如果规划得当，可以综合前述几种形式的优点，而避免其缺点，起到扬长避短的作用。在城镇规划中，往往因为各种条件的制约，不能单纯采用哪一种形式，而采用混合式，优点是形式灵活多样，对地形有很大适应性。

三、城镇道路的技术设计

（一）规划设计一般规定

1. 城镇车辆规划设计

规划设计的车辆一般分为机动车和非机动车两大类，无论哪一类车辆，在道路规划时应根据当地远期交通量设计。

机动车规划设计车辆的外廓尺寸如图 3-1-3 所示。总长为车辆前保险杆至后保险杆的距离；总宽为车厢宽度（不包括后视镜）；总高为车厢顶或装载顶至地面的高度；前悬为车辆前保险杠至前轴轴中线的距离；后悬为车辆后保险杠至后轴轴中线的距离。

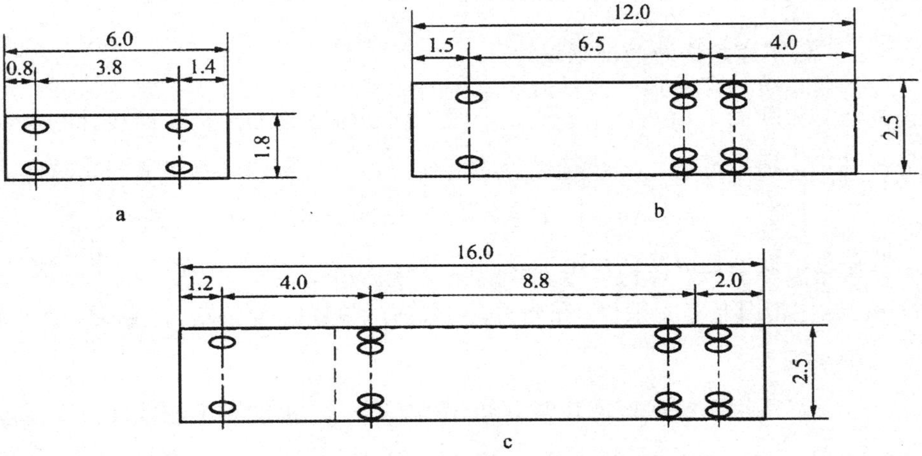

a. 小客车；b. 载重客车；c. 鞍式列车

图 3-1-3　设计车辆各项指标（单位：m）

非机动车主要是自行车、三轮车、板车、兽力车等，在规划设计时以各类车总长 × 总宽 × 总高进行。

2. 道路建筑限高

城镇道路建筑限高指在保证各种车辆正常通行时，其通行空间不得有任何物体侵入，最小净高如表 3-1-1 所示。

表 3-1-1　道路建筑最小净高

车行道路类型	机动车道			非机动车道	
行驶车辆种类	各种汽车	无轨电车	有轨电车	自行车、行人	其他非机动车
道路建筑最小净高（m）	4.5	5.0	5.5	2.5	3.5

3. 道路规划设计年限

城镇道路交通量达到饱和状态时规划设计年限规定：快速主干路为不短于

20年；次干路为不短于15年；支路为不短于10～15年。由于道路路面结构材料不同，寿命有所不同，按照道路路面结构达到临界状态的规划设计年限规定如下：

水泥混凝土路面属于特重的为40年，重的为30年，轻的为20年；沥青混凝土路面与沥青贯入式碎石（砾石）路面为15年，支路修筑沥青混凝土等高级路面时可采用10年；沥青表面处治路面为8年，粒料路面为5年。

（二）城镇道路横断面规划设计

道路的横断面是指垂直于道路中心线方向所做的剖面。横断面设计的主要内容是在满足交通、环境、管线铺设等的前提下，经济合理地确定道路横断面的基本形式及车行道、人行道和绿化带等各组成部分的宽度、位置与高差。

城镇道路设施是道路红线范围以内的项目内容，包括机动车道、非机动车道、人行道、绿化带以及布置围栏、路灯等。形式有单幅路、双幅路、三幅路、四幅路。

1. 单幅道路

单幅道路适用于红线宽度较窄（如35 m以下），机动车车道设计行车速度较低（小于25～30 km/h），机动车交通量不大，非机动车较少的次干路、支路，以及用地不足、拆迁困难的旧城镇道路。

2. 双幅道路

双幅道路适用于单向两条机动车车道以上、非机动车较少的道路。有平行道路可供非机动车通行的快速和郊区道路以及横向高差大或地形特殊地段，亦可采用双幅路。双幅路多用于城镇或郊区快速交通干道，当对向行驶的机动车流量接近，特别是经常有夜间行车的道路，采用双幅道路横断面可有效地防止车辆互撞，保证机动车的行车速度。

3. 三幅道路

三幅道路适用于红线宽度不小于40 m、机动车交通流量大、非机动车多、双向四车道已不能满足机非混合行驶要求的路段。如果机动车和非机动车高峰小时不在同一时间出现，则不宜选用三幅道路横断面，山区城镇、用地紧张的城镇也不宜采用。

4. 四幅道路

四幅道路适用于机动车道路高、单向两条机动车车道以上、非机动车多的快速道路与主干路。

一条道路宜采用相同型式的横断面。当道路横断面型式或横断面各组成部分的宽度变化时，应设置过渡段，宜以交叉口或结构物为起止点。

（三）城镇道路的通行能力

1. 交通量规划设计

机动车道通行能力按照单位时间内通过道路某断面的小客车数计，中小城镇小型汽车很少时，可按普通汽车计。

一条车道的通行能力指道路在一小时内能够通过多少车辆。当车辆在通行中，影响通行能力的因素很多，而这些因素是多变的，所以在实际中可采用公式直接计算，也可实际观测、调查测量得出。为了便于比较，在估算交通量和通行能力时常把道路上行驶的各种车辆进行换算。

路段车种换算系数：小客车为 1.00；普通汽车为 1.50；轻货车为 1.50；3t 以上货车为 2.00；中小型公共汽车为 2.50；大型公共汽车为 3.00；无轨电力车为 3.00；铰接车为 2.00。

载重车辆车种换算系数：载重汽车（大卡车、三轮车、拖拉机）为 1.00；带挂车的载重汽车（公共汽车）为 1.50；小汽车（吉普车、摩托车）为 0.50。

若不换算，一条车道的通行能力一般约为 400 辆 /h。换算成单一车型的一般通行能力：小汽车为 500～1 000 辆 /h；载重汽车为 300～600 辆 /h；公共汽车为 90～120 辆 /h；无轨电车为 50～100 辆 /h。

2. 车行道通行能力

车行道通行能力分为可能通行能力与规划设计通行能力。在城镇一般道路与一般交通条件下，在不受平面交叉口影响时，一条机动车车道的道路可能通行能力 N_P 可按照下式计算：

$$N_P=3\,600/t_i \qquad (3-1-2)$$

式中：N_P——一条机动车车道的路段可能通行能力（辆 /h）；

t_i——连续车流平均车头间隔时间（s）；

当该城镇没有 t_i 的观测值时，一条车行道道路的可能通行能力可采用（表 3-1-2）的数值。

表 3-1-2　一条车道的可能通行能力

计算行车速度（km/h）	50	40	30	20
可能通行能力（辆 /h）	1 690	1 640	1 550	1 380

环形交叉口机动车车行道的规划设计通行能力与相应非机动车车数如表3–1–3所示。其中，机动车车行道的规划设计通行能力包括15%的右转车。当右转车为其他比例时，应另行计算。表中数值适用于交织长度为L_W=25～30 m。

表 3-1-3　环形交叉口规划设计通行能力

机动车车行道的规划设计通行能力（辆 /h）	2 700	2 400	2 000	1 750	1 600	1 350
相应的自行车数（辆 /h）	2 000	5 000	10 000	13 000	15 000	17 000

3. 人行道、人行横道、人行天桥、人行地道的通行能力

人行道、人行横道、人行天桥、人行地道的可能通行能力如表3–1–4所示。

表 3-1-4　人行道、人行横道、人行天桥、人行地道的可能通行能力

类别	人行道［人／（h·m）］	人行横道［人／（h·m）］	人行天桥、人行地道［人／（h·m）］	车站、码头的人行天桥、人行地道［人／（h·m）］
可能通行能力	2 400	2 700	2 400	1 850

（四）城镇道路宽度的规划设计

1. 机动车道宽度

机动车道宽度是车道线数总和与相应车道宽度的乘积。它需要的车道线取决于道路高峰小时交通量及每条车道的通行能力。新建道路的交通量可参考当地经济发展区规划估算，对扩建道路以实际观测为依据，考虑一个道路使用年限内的年均增长率。

所需车道线数目确定后，再根据一条车道线的宽度确定机动车道的宽度。各类城镇机动车车道宽度根据车型及计算行车速度确定：一般大型车或大、小型车混行，当速度⩾ 40 km/h时，车道宽度为3.75 m；当速度<40 km/h时，车道宽度3.5 m；小客车专用线为3.5 m；公共汽车停靠站为3 m。

2. 非机动车道宽度

规划设计非机动车道宽度时在程序上理应同机动车的方法一样，不过预计通行能力比较困难，当前主要是根据实际观测的数据进行分析确定。

在城镇道路上非机动车种类多，占用道路的面积比较大，建议城镇非机动车道宽度为4.5～6.5 m，其中自行车1 m、三轮车2 m、兽力车2.5 m、板车1.5～2 m，城镇主干道或兽力车、三轮车较多的道路取上限。

3. 人行道宽度

人行道宽度应按人行带的倍数确定。

4. 设施带宽度

城市道路的设备带宽度包括设置行人护栏、照明灯、标志牌、交通信号等所需的宽度。如果红线较窄或者条件限制较大，我们可以将设施带和绿化带合并，但这仍需要避开树木对工程的影响。

5. 绿化带宽度

绿化带宽度根据植物的种类确定，灌木丛带为0.8～1.5 m，单行乔木为1.5～2 m，双行乔木并列为5 m，双行乔木排列2.5～4 m，草皮及花丛0.8～1.5 m。

6. 分隔带宽度

道路横断面中的分隔带，根据其位置和功能可分为中间分隔带（中间带）和两侧分隔带（两侧带）。分隔带由中间分隔带及两侧的路缘带构成。

可以用路缘石围成分隔带，其高度应该比地面高出10～20 cm，并且需要在人行横道和停靠站处进行铺装。除了符合分隔带的要求之外，在积雪的地区还必须对分隔带的宽度进行计算以满足临时堆放积雪的需求。

7. 道路横坡度

道路横坡度应根据路面宽度、面层类型、计算行车速度、纵坡及气候条件确定。

综上所述，在确定机动车道、非机动车道、人行道、分车带、设施带、绿化带等宽度以后，一般就可以得出城镇道路红线宽度的大概数。但在一般情况下，还不能由此轻易确定红线宽度，还必须根据路幅宽度与道路两侧高度的关系、行人走在道路上观望两旁建筑物的视觉效果影响以及满足城镇抗震要求等多方面的因素等综合考虑，再最后确定。

第二节　现代城镇给排水工程规划设计

一、城镇给水工程系统规划

（一）城镇给水工程系统规划的主要任务

城镇给水工程系统规划的主要任务是考虑城市和周边水资源的状况，使水资源得到充分的保护和合理利用，选择适宜的水源，制定合理的供水标准，预测水需求负载情况，并进行城市水源规划和水资源利用平衡工作。确认城市自来水厂等供水设施的大小和能力；通过科学合理的规划和布局，建立给水设施和各级管网系统，以满足用户对于水质、水量、水压等各方面的需求。

（二）城镇给水工程系统规划的主要内容

1．城市给水工程系统总体规划的主要内容

（1）确定用水量标准，预测城市总用水量；

（2）平衡供需水量，选择水源，确定取水方式和位置；

（3）确定给水系统的形式、水厂供水能力和厂址，选择处理工艺；

（4）布置输配水干管、输水管网和供水重要设施，估算干管管径；

（5）确定水源地卫生防护措施。

2．分区规划内容深度

（1）估算分区用水量；

（2）进一步确定供水设施规模，确定主要设施位置和用地范围；

（3）对总体规划中供水管道的走向、位置、线路，进行落实或修正补充，估算控制管径。

3．详细规划内容深度

（1）计算用水量，提出对水质、水压的要求；

（2）布置给水设施和给水管网；

（3）计算输水管渠管径，校核配水管网水量及水压；

（4）选择管材；

（5）进行造价估算。

（三）城镇给水系统的用水类型

在城镇给水规划中，根据供水对象对水量、水质和水压的不同要求，可以将给水系统分为四种用水类型。

1. 生活饮用水

生活饮用水包括居住区居民生活饮用水、工业企业中职工生活饮用水、淋浴用水及公共建筑用水等。水量单位用 L/(人·d) 表示。由于各地区气候条件不同，居民生活习惯及室内卫生设备条件等情况的不同，生活用水定额差异很大。《建筑给水排水设计标准》中规定了住宅生活用水定额，进行城镇给水规划时可参照选用。

2. 生产用水

生产用水包括的面很广，如造纸厂、纺织厂在洗涤、净化、印染等生产过程中需要用大量的水；再如炼钢高炉、机器设备等需冷却用水。另外，交通运输等部门也都需大量用水。但不同行业对水质、水量、水压的要求不同，制定给水规划时要特别注意进行调查研究，在了解生产工艺及用水情况后，综合制定指标，满足生产要求。

3. 市政用水

市政用水主要包括园林绿化、植树等用水，以及街道洒水等。街道洒水和绿化浇水等随着城镇的发展、生活水平的提高，这部分用水将不断增加，规划应根据实际情况来确定。一般道路洒水可采用每次 1～1.5 L/m^2，以每天浇洒 2～3 次计。浇洒绿地可按每日 1～2 L/m^2 计算。

4. 消防用水

消防用水是指在街道或建筑物内供消火栓使用以扑灭火灾的水。消防用水只有在发生火灾时才允许使用，由于不是经常工作，因此消防给水设备可以与城镇生活饮用水给水系统统一起来考虑，在消防过程中可加大生活饮用水的水量、水压以满足消防用水的要求。消防用水对水质无特殊要求。消防用水量是根据城镇的大小、工矿企业的性质和规模、居住人数和建筑物的防火等级而确定的，是根据发生一次火灾所需消防水量及同时可能发生的火灾次数来确定的。未预见水量按《建筑给水排水设计标准》规定，附加水量为最高日用水量的 10%～20%。

（四）城镇用水量预测

城镇用水主要包括生活用水、生产用水、市政用水（如道路保洁、绿化养护等）、消防用水，以及包括输供水管网滴漏等在内的未预见用水等。城镇用水量就是这些不同种类用水的总和。对城镇用水量的预测可以转化为对其中各个分项的预测。由于城镇所在地理位置、经济发展水平、生活习惯，以及可供利用的水资源条件各不相同，因此规划应根据各个城镇的特点，在对现行用水情况进行调研的基础上，根据城镇规划确定的规划人口、产值、产业结构等因素，选用相应规范标准，最终叠加计算出城镇总用水量。在我国现行规划设计规范标准中，与城镇用水量标准相关的主要有以下几种。

1. 城镇综合用水标准

中华人民共和国国家标准《城市给水工程规划规范》（GB 50282—2016）中包括：城镇单位人口综合用水量指标[万 m^3/（万人・d）]、城镇单位建设用地综合用水量指标[万 m（km^2・d）]、人均综合生活用水量指标[L/（人・d）]、单位居住用地用水量指标[万 m^3（km^2・d）]、单位公共设施用地用水量指标[万 m^3（km^2・d）]、单位工业用地用水量指标[万 m^3（km^2・d）]，以及单位其他用地用水量指标[万 m^3（km^2・d）]。

2. 居民生活用水量标准

中华人民共和国国家标准《室外给水设计标准》GB 50013—2018、中华人民共和国国家标准《建筑给水排水设计标准》（GB 50015—2019）主要给出了不同类型住宅的居民生活用水量。

3. 公共建筑用水量标准

中华人民共和国国家标准《建筑给水排水设计标准》GB 50015—2019 列出了各类公共建筑的单位用水量。

4. 工业企业用水量标准

中华人民共和国国家标准《建筑给水排水设计标准》GB 50015—2019、中华人民共和国国家职业卫生标准《工业企业设计卫生标准》GBZ1—2010，主要列举了工业企业中职工生活用水标准。生产用水量一般参照建设部、国家经委于1984 年编制的《工业用水量定额》，以及各地政府编制的《工业用水定额》计算，其单位一般为万元产值用水量。

5. 消防用水量标准

中华人民共和国国家标准《建筑设计防火规范》GB 50016—2014 以一次灭火的用水量为单位计算。

此外，有关市政用水标准通常按照绿化浇水 1.5～4.0 L/m^2·次，道路洒水 1～2 L/m^2·次计算。有关未预见用水量按照总用水量的 15%～25% 计算。

对于城镇用水量的预测，除根据规范按照人均综合指标、单位用地指标或不同种类用水叠加计算外，还有一些根据城镇用水量增长趋势进行计算的方法，如线性回归法、年递增律法、生长曲线法、生产函数法、城镇发展增量法等。此外，城镇用水量的预测只是一个平均数值，在对城镇供水管网及设施进行实际规划设计时还要考虑不同季节、每天不同时段中实际用水量的变化情况。

（五）城镇水源规划

城镇水源规划的主要任务就是为城镇寻找、选择满足一定水质要求的稳定水源。可用作城镇水源的有：以浅水为主的地下水，包括江河、湖泊、水库在内的地表水，作为淡化水源的海水，以及咸水、再生水等其他一些水源。其中，地下水与地表水是城镇供水的主要水源。对于城镇水源的选择、规划主要从以下几个方面考虑。

（1）具有充沛、稳定的水量，可以满足城镇目前及长远发展的需要。

（2）具有满足生产及生活需要的水质。相关标准可参见：中华人民共和国国家标准《地表水环境质量标准》GB 3838−2002、中华人民共和国城镇建设行业标准《生活饮用水水源水质标准》CJ 3020−1993、中华人民共和国国家标准《生活饮用水卫生标准》GB 5749—2022，以及中华人民共和国国家标准《工业企业设计卫生标准》GBZ1—2010。

（3）取水地点合理，可免受水体污染以及农业灌溉、水力发电、航运及旅游等其他活动的影响。

（4）水源靠近城镇，尽量降低给水系统的建设与运营资金。

（5）为保障供水的安全性，大、中城镇通常考虑多水源分区供水；小城镇也应设置备用水源。

城镇水源规划不但要满足城镇供水需求，更要从战略角度做好水资源的保护与开发利用。我国是一个数字源紧缺的国家，人均水资源占有量仅为世界人均占有量的1/4，且在地域分布上呈现出极不平衡的状况。尤其在北方地区，水资源的匮乏已经成为严重影响城镇发展的制约因素。因此，除采取节约用水、水资源回收再利用，以及域外引水等措施外，应对现有水资源进行严格的保护，避免受到进一步的污染。城镇规划中应按照相关标准规范的要求，划定相应的水域或陆域作为地表水与地下水的水源保护区，严禁在其中开展有悖水质保护的各种活动。

（六）水厂用地选择

1. 厂址选择

净水厂厂址选择应结合城镇总体规划综合研究，其主要考虑因素有地形、交通、卫生防护条件、供电等。一般选厂原则如下。

（1）水厂最好是设在取水构筑物附近，这样可节约投资，便于生产及管理。

（2）选择地形较平整、工程地质条件较好的地段，便于施工管理。

（3）水厂用地要便于设置卫生防护地带。

（4）水厂不应设在洪水淹没区范围之内。

（5）水厂选择应尽量少占良田。

（6）水厂选择还应该考虑交通方便、供电安全等方面的因素。

2. 用地规模的确定

水厂的用地规模可根据国家规范《室外给排水工程技术经济指标》来确定，如表3-2-1所示。

表3-2-1　1 m³/d水量用地指标

水厂设计规模	1 m³/d水量用地指标（m³）	
	地面水沉淀净化工程综合指标	地面水过滤净化工程综合指标
Ⅰ类（水量10万m³/d以上）	0.2~0.3	0.2~0.4
Ⅱ类（水量2万~10万m³/d）	0.3~0.7	0.4~0.8
Ⅲ类（水量2万m³/d以下）	0.7~1.2	—
（水量1万~2万m³/d）	—	0.8~1.4
（水量0.5万~1万m³/d）	—	1.4~2
（水量0.5万m³/d以下）	—	1.7~2.5

（七）城镇给水工程设施规划

城镇给水工程系统包括取水工程、水处理（净水）工程、输配水工程等环节。其主要任务是将自然水体获取水经过净化处理，达到使用要求后，通过输配水管网输送到城镇中的用户中。其中，各个环节的规划概要如下。

1. 取水工程设施规划

取水工程设施规划包括地下水取水构筑物与地表水取水构筑物的规划，其目的是从水源中通过取水口取到所需水量的水。地表取水口一般设置在城镇上游，水文条件稳定，远离排污口或其他易受污染的河段。

2. 净水工程设施规划

净水工程设施（水厂）的目的是：根据原水的水质特点，通过澄清、过滤、消毒、除臭、除味、除铁、除锰、除氟，软化及淡化除盐等手段，使原水达到可供饮用或生产需要的水质标准。水厂通常选在工程地质条件好、有利于防洪排涝、具有环境卫生及安全防护条件、交通方便并靠近电源的地方。水厂的用地规模一般为 $0.1\sim0.8\ m^2/m^3\cdot d$。

3. 输配水工程设施规划

输配水工程设施规划的任务是保障经净化处理的水输送到城镇中的每个用户中去，通常包括对输外管渠、配水管网、泵站、水塔及水池等设施的规划。

（八）城镇给水工程系统的布置形式

城镇给水工程系统的布置形式可分为以下几种。

1. 统一给水系统

采用一个水质标准及供水系统供给生活、生产、消防等对水质、供水量要求不同的用水。其特点是系统简单，适用于小城镇及开发区等。

2. 分质给水系统

根据工业生产与居民生活对水质要求不同的特点，采用多系统、多水质标准供水的方式。其特点是可以降低净水的费用，做到水资源的优质优用，但同时会增加系统的复杂程度，适合于水资源紧缺、工业用水量大的城镇。

3. 分区给水系统

将城镇供水工程系统按照地域划分成几个相对独立的区。这种系统常见于地形起伏较大的城镇，可以有效地降低供水管网所承受的压力。按照各个分区与总泵站的关系又可分为“并联分区”和“串联分区”。

4. 循环给水系统

生产废水经处理后的循环使用，以及城镇中水系统均可看作是循环给水系统，对水资源的节约和再利用具有较强的现实意义。

5. 区域性给水系统

对于流域污染严重或水资源严重匮乏地区的城镇，可根据实际情况由多个城镇联合建设给水系统。

（九）城镇给水管网

1. 城镇给水管网的构成

城镇给水管网由输水管渠、配水管网与泵站、水塔、水池等附属设施组成。其中，输水管渠的功能主要是将经过处理的水由水厂输送到给水区，其间并不负责向具体的用户分配水量。输水管道的目的是将水通过输送管道输送到每个用户，而给水管网的任务是分配水资源，这些水资源通过输水管道或水厂供应给用户。依据管径大小和在供水管网中担任的作用，给水管道可以划分为三个等级：干管、分配管（配水管）及接户管（进户管）。

2. 给水管网布置的基本要求

（1）输水管

从水源地到工厂、从水厂到配水管线或从水源地直接到配水管线主要起输水作用的管线称为输水管。

输水管布置的基本要求有以下几点：在可能的条件下，管线的走向最好沿道路敷设；选择线路时，应充分考虑地形因素，尽量采用重力流输水；选择线路时，要考虑施工方便，投资少；根据给水系统的重要性，合理选择输水管线的条数。当设两条输水管线时，应在管线之间设连通管相互联系，以便相互补充供水，减少事故造成的损失。

（2）配水管网

配水管网是一种将输水管道输送的水配给城镇用户的管道系统。该系统需要满足以下基本要求：水的供应必须安全、可靠，并且即使在局部管网发生故障时，也应确保不会中断供水。确保在服务区范围内，供水户能够获得充足的水压和流量。综合城市整体规划情况，考虑分阶段建设管网系统的可行性；在规划水管线时，应尽可能追求简单化，以便减少管网建设、施工和维护的成本。

3. 给水管网的形式

给水管网的排布方式可以归为两类：分支式管网和环状管网。

（1）分支式管网

给水管道由水厂向用户延伸，呈现出分支状分布的形态。这种布局方式简化了结构、缩短了管线总长度，可以节省管线材料，降低造价。但相应的，供水安全可靠性有所下降，故适合用于小城镇建设的起始阶段。以后可以逐步转化为环状构造。

（2）环状管网

环状式供水管道系统中，管段之间互相连接构成了一种类似网状的结构。当某个管段出现问题时，其他管段可以替代其功能，从而大大提高了供水系统的安全性和可靠性。如果经济条件允许的话，我们应该尽可能地在城镇里使用这种方法。

以上两种给水管网的布置形式并不是绝对的，同一城镇中的不同地区可能采用不同的形式。城镇在发展过程中也会随着经济实力的提高，逐步将分支式系统改造成环状系统。

此外，给水管网系统中还包括了泵站、水塔、水池、阀门等附属设施，在规划中也需要对其位置、容量等予以考虑。

二、城镇排水工程系统规划

（一）城镇排水工程系统规划的主要任务

城镇排水工程系统规划的核心工作是基于城镇的自然环境和用水状况制订合理的方案，包括规划期内的污水处理量、污水处理设施的规模与容量，以及雨水排放设施的规模与容量。还包括各种污水处理与收集设施的布局，包括污水处理厂（站）等，同时还包括排涝泵站等雨水排放设施，以及各级污水管网的科学规划。同时，还要设计措施和方案来保护水环境、处理和利用污水等。

（二）城镇排水工程系统规划的主要内容

城镇排水工程系统规划包括总体规划和详细规划两个层次，根据不同的城镇规划编制层次而确定。

1．城镇排水工程系统总体规划的主要内容

（1）制定排水体制。

（2）划分水排放区域，预测降雨与废水总量，并根据地区不同的情况制定相应的污水排放处理标准。

（3）进行排水管、渠道系统的设计和布局，明确水闸的位置，并确定主要雨水和污水泵站的数量和位置。

（4）确定所需排水设施和污水处理设施的数量和规模，在考虑水处理等级的前提下，确定适当的土地使用范围。

（5）确定水排放的主管和渠道的方向及排放口的位置。

（6）建议实施综合治理污水并加以有效利用。

2．城镇排水工程系统详细规划的主要内容

（1）进行详细规划范围内雨水和污水排放量的计算。

（2）确定规划范围内管线的水平位置、管道尺寸和重要控制点的高程标记。

（3）提出废水处理方案的初始设计。

（三）城镇排水体制

通常城镇排水系统需要排放的有：各类民用建筑的厕所、浴室、厨房、洗衣房中排出的生活污水；工业生产过程中排放出的工业废水和生产污水；降雨过程中产生的雨水或道路清洗、消防用水等。其中，生活污水与生产污水须经过处理后才能排入自然水体中；雨水一般无须处理而直接排入自然水体；工业废水可经简单处理后直接重复利用，一般不宜排出。

1．排水体制的类型

排水体制一般可分为合流制和分流制两种类型。将生活污水、工业废水和雨水汇集到同一种管渠内来输送和排除的系统称为合流制排水系统，根据生活污水、工业废水及雨水收集和处理的方式不同，合流制排水系统可分为以下三种形式。

（1）直泄式合流制

直泄式合流制是指管渠系统的布置就近坡向水体，分若干个排水口，混合的污水未经过处理直接排入水体的排水系统（图 3–2–1）。

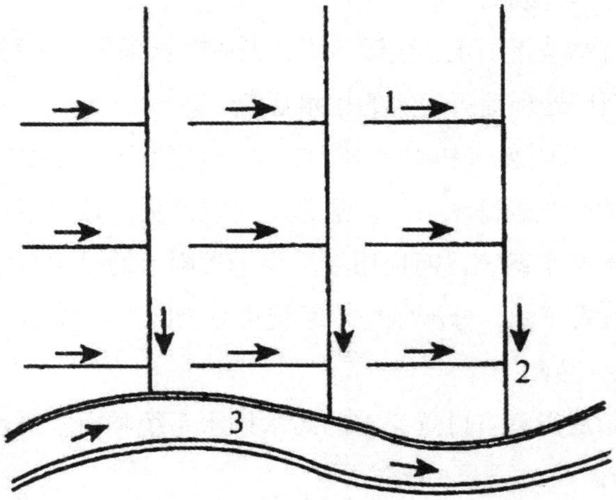

1— 河流支管；2— 河流干管；3— 河流

图 3-2-1　直泄式合流制排水系统

（2）截流式合流制

截流式合流制是指管渠系统的布置就近坡向水体，在临近河岸边建造一条截流干管，同时在截流干管处设置溢流井，并设置污水处理厂的排水系统（图 3–2–2）。

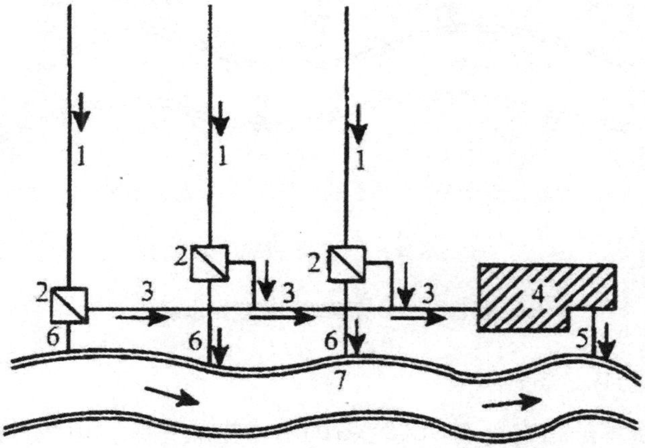

1— 河流干管；2— 流溢井；3— 截流主干管；4— 污水处理厂；

5— 出水口；6— 溢流干管；7— 河流

图 3-2-2　截流式合流制排水系统

（3）全处理式合流制

全处理式合流制是指雨水、生活污水、工业废水采用同一种管渠混合汇集后，全部送至污水处理厂处理后再排放的排水系统。

将生活污水、工业废水和雨水分别在两个或两个以上各自独立的管渠内排放的排水系统称为分流制排水系统。通常把用以汇集排放生活污水和工业废水的排水系统称为污水排水系统；而把用于汇集排放雨水的排水系统称为雨水排水系统。由于排水的方式不同，分流制排水系统可分为以下两种形式。

（1）完全式分流制

完全式分流制是指具有设置完善的污水排水系统和雨水排水系统的一种排水体制（图 3–2–3）。

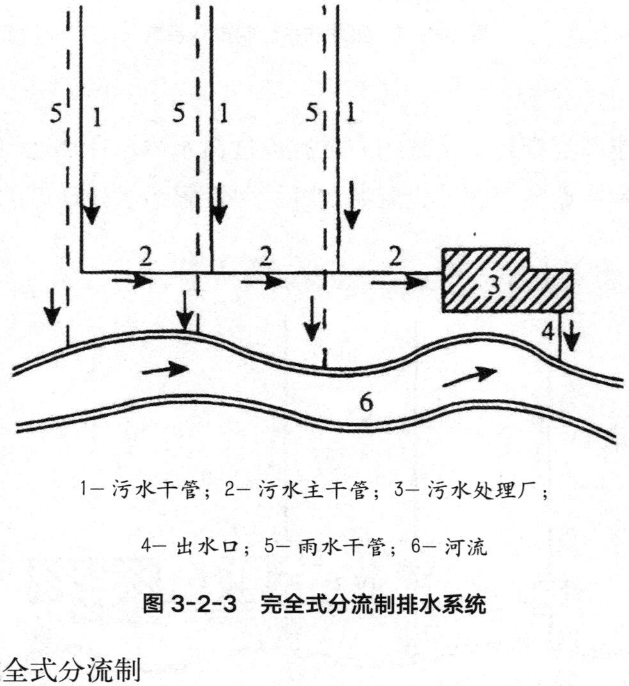

1— 污水干管；2— 污水主干管；3— 污水处理厂；

4— 出水口；5— 雨水干管；6— 河流

图 3-2-3　完全式分流制排水系统

（2）不完全式分流制

这种排水系统是指它拥有功能完备的污水排放系统，但是并未建立雨水排放系统（图 3–2–4）。这种情况下，雨水通过自然地面、道路边沟、水渠等原始渠道系统排出。为解决原有渠道系统输水能力的不足，在适当时机修建部分雨水道补充。随着城镇进一步发展，再修建雨水排水系统，并使之转变为完全的分流制。

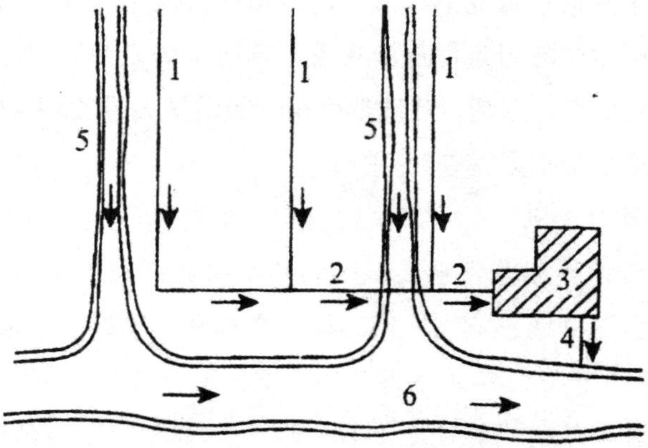

1— 污水干管；2— 污水主干管；3— 污水处理厂；

4— 出水口；5— 明渠或小河；6— 河流

图 3-2-4　不完全式分流制排水系统

除此之外，在一些城市中，既同时存在着将排水分流的系统，又存在着将排水合并的系统，这种体系被称作混合式排水系统。这种情况通常存在于一些特殊城镇中，这些城镇最初是采用合并式排水系统，后来又进行了扩建。在一些大城镇中，不同的区域具有不同的自然条件和建设条件，因此可根据实际情况采用不同的排水体系，这种做法在上海、纽约等城市得到了应用。

2. 排水体制的优缺点

直排式合流制排水系统虽然管渠造价低、不设污水处理厂，因此投资省，但会对水体污染造成严重影响。在城市建设早期这种模式比较普遍，老城区大都采用了这种方式。但是，由于这种方式可能会对环境造成巨大的污染和危害，因此现在一般不建议采用。虽然截流式合流制排水系统相比直排式有了较大改进，然而在下雨的时候仍有一部分混合污水未接受处理就被直接排入水体，必然会污染水体。

虽然完全式分流制排水系统卫生条件较为优越，但初期存在雨水污染问题且需要较高的投资。在建造新的城镇和重要工矿企业时，常规做法是采用工厂排水系统。这种系统往往会采取完全式分流制，甚至细分为清浊分流和分质分流。有时为了有效处理不同种类的工业废水，需要设置多种排水系统。不完全式分流系统在投资上更为节省，适用于地形较为简单、明渠水系比较健全的区域，以便有效排除雨水。为了降低投资成本，在新建城镇或发展中地区，通常会先采用明渠排水的方式处理雨水。随着条件逐渐具备，再逐步转变为采用雨水暗管系统进行分流处理，实现完全式分流制。在地形平坦、降雨量大导致积水较为普遍的地区，使用不完全式分流制是不太适宜的。

3. 排水体制选择要点

选择适合的排水体制非常重要，因为其不仅关系到排水系统的设计、施工、投资和运行，也会深刻地影响到城镇的规划布局和环境保护。通常需要考虑城镇总体规划、环境保护要求、污水处理利用情况、现有排水设施、水环境治理能力、地形和气候等因素，从全局的角度来看，要综合考虑技术、经济等多方面因素来确定体制。概括来说，要综合考虑以下因素。

（1）环境保护方面

从环境保护的角度来看，截流式合流制将一部分雨水集中输送到污水处理厂，有助于减少雨水初期的污染。然而，当暴雨来袭时，截流式合流制将混合污水的一部分通过溢流井排放到水体中，这种行为很容易导致水污染。尽管采用了分流制度后将城镇污水全部送至污水处理厂加以处理，但在初始阶段，未经处理的雨水径流仍直接排放入水体中，水体污染仍然存在。

（2）工程投资方面

从工程投资角度来看，虽然合流制泵站和污水处理厂的造价比分流制高，但采用短管渠长度的不完全分流制方案，可仅建立污水排除系统而暂不建设雨水排除系统，有利于工程的分期建设，从而能够节约初期的投资费用。采用合流制的总成本相对于分流制来说更为经济。

（3）近、远期关系方面

在考虑排水体制的选择时，需要平衡近期和远期的建设需求。因此，在规划和设计中应该考虑分期工程的协调和衔接，以确保前期工程能够在后期工程中得到充分应用。此外，对于包含新旧城区的城镇规划，需要特别关注这一问题。在建设新区的过程中，可以采取分阶段的方式进行建设。首先建造污水管道，以便收集污染严重的污水。然后建造雨水管道或者采用明渠过渡措施。这样做可以节省大量成本。在城镇的新区建设中，如果其地形平坦，综合开发程度较高，那么最好一次建成雨水系统。在地形较平坦、下游水流较充足、污水含量较高、街道比较窄的区域，建议运用合流制来解决问题。

（4）施工管理方面

在施工管理方面，采用单一的合流制管线可以减少对其他地下管线和构筑物的干扰，从而简化管渠施工。合流管渠内的水流量变化幅度较大，可能对水质造成一定的不良影响，从而妨碍泵站与污水处理厂的稳定运行。此外，这种情况还会导致管理和维护过程的复杂化，以及运行成本的增加。分流制水量相对来说对水质影响较小，这对于污水处理和运营管理是十分有益的。

综合考虑以上因素后，应该针对具体情况来选择适合的城镇排水体制。通常情况下，新建的排水系统最好采用分流方式。在以下情况下采用合流制可能更加适合：①周围环境有足够的水源，但小城镇的发展因此受到限制的地区；②街道狭窄并且有许多地下设施，因此修建污水和雨水两条管线十分困难的地区；③在降雨量较少但废水处理量高的地区。

混合式排水系统包括分流制和合流制，这是城镇普遍采用的方式，形成这种方式的原因是与城镇发展的阶段相联系的。在城镇建设的早期阶段，周围水体还处于良好的状态，但由于缺乏建设资金，当时采用了大量的合流制甚至直排式排污方式；随着城市的扩张和水质的恶化，人们逐渐采用截流污水的方式，在水体边缘将其引入污水处理设施进行处理。新建城区通常采用雨水和污水分流的规划设计，有些地方将合流制改造为分流制，这种做法导致城市中存在混合的排水系统。混合制有两种情况，一是分流制区域和合流制区域分割开来，彼此独立，二者之间互不影响；另一种情况是在同一区域内，既存在分流制管道，又存在合流制管道，并且有些干管同时接纳污水和雨水混合的水流。总结起来，要根据不同地区的自然条件和建设情况采用相应的排水系统。

（四）城镇排水量估算

常用的估算城镇排水量的方法有两种，即累计流量计算法和综合流量法。累计流量计算法是假定各种污水在同一时间出现最高流量，并采用简单的累加法计算城镇排水量。这种计算所得的流量数值会比实际要高，但方法简便，所需资料易于取得。综合流量法则考虑到生活污水和工业废水的流量时刻都在变化，其高峰流量出现的时间也不相同，如采用累计流量计算法计算污水排放量，污水处理厂规模必将偏大，导致投资额及工程量变大。综合流量法是根据各种污水流量的变化规律及各种污水最高流量出现的时刻，求得日最高污水流量的方法，按这个流量来规划城镇污水处理厂规模比较切合实际。

城镇的雨水量估算要按当地的雨量公式来计算，有关资料由气象部门提供。

（五）城镇排水工程系统构成

城镇排水工程系统通常由排水管道（管网）、污水处理系统（污水处理厂）和出水口组成。生活污水排水系统、生产污水排水系统、雨水排水系统的组成略有差别，如表 3–2–2 所示。

表 3-2-2　城镇排水工程系统构成一览表

排水系统类别	主要设施设备构成
生活污水排水系统	①室内污水管道系统和设备；②室外污水管道系统；③污水泵站及压力管；④污水处理厂；⑤出水口
生产污水排水系统	①车间内部管道系统和设备；②厂区管道系统；③污水泵站和压力管道；④污水处理站；⑤出水口
雨水排水系统	①房屋雨水管道系统和设备；②街坊或厂区雨水管渠系统；③城镇道路雨水管渠系统；④雨水泵站及压力管；⑤出水口

（六）城镇排水工程系统布局

城镇排水主要依靠重力使污水自流排放，必要时才采用提升泵站和压力管道，因此城镇排水工程系统的布局形式与城镇的地形、竖向规划、污水处理厂的位置、周围水体状况等因素有关。常见的布局形式有以下几种。

（1）正交式布置。排水管道沿适当倾斜的地势与被排放水体垂直布局，通常仅适用于雨水的排放。

（2）截流式布置。这种系统实际上是在正交式的基础上沿被排放水体设置截流管，将污水汇集至污水处理厂处理后再排入水体。这种布置形式适用于完全分流制及截流式合流制排水系统，对减少水体污染起到至关重要的作用。

（3）平行式布置。在地表坡降较大的城镇，为避免因污水流速过快而冲刷排水管壁，采用与等高线平行的污水干管将一定高程范围内的污水汇集后，再集中排向总干管的方式。也可以看作是一种几个截流式排水系统通过主干管串联在一起的形式。

（4）分区式布置。在地形起伏较大，污水处理厂又无法设在地形较低处时所采用的一种方式。将城镇排水划分为几个相互独立的分区，高于污水处理厂分区的污水依靠重力排向污水处理厂；而低于污水处理厂分区的污水则依靠泵站提升后排入污水处理厂，从而减轻了提升泵站的压力和运行费用。

（5）分散式布置。当城镇因地形等原因难以将污水汇集送往一个污水处理厂时，可根据实际情况分设污水处理厂，并形成数个相互独立的排水系统。

（6）环绕式布置。当上述情况下难以建立多个污水处理厂时，可采用一条环状的污水总干管将所有污水汇集至单一的污水处理厂。

（7）区域性布置。因流域治理或单一城镇规模过小等问题，设置为两个以上为城镇服务的污水排放及处理系统。

（七）城镇污水工程系统规划

1．城镇污水的类型

城镇内的污水按其来源和特征的不同，可以分为生活污水、工业废水及降水三类。城镇污水工程系统规划主要包括污水量估算、污水管网布局、污水管网水力计算、污水处理设施选址，以及排污口位置确定等内容。

生活污水是指人们在日常生活中所产生的污水。生活污水中含有大量的有机物和肥皂及合成洗涤剂等。此外，在粪便中还经常出现寄生虫和肠道传染病菌等病原微生物。这类污水需要经过处理后才能排入水体、灌溉农田或再利用。

工业废水是指在工业生产中所产生的废水。它来自生产车间或矿场等处。按其污染程度不同，可分为生产废水和生产污水两种。生产废水是指在使用过程中只受到轻度污染或水温增高的水，如机械设备的冷却水等。这类水经过简单处理后便可重复使用，或直接排入水体。生产污水是指在使用过程中已受到严重污染的水。这种污染水中往往含有大量的有害物质或有毒物质，大都需要经过适当的处理后才能排放，或者在生产中重复使用。但有些生产污水中的有毒有害物质往往是宝贵的工业原料，对这种污水中的物质应尽量回收利用，既可为国家创造财富，又可减轻对环境的污染。

降水是指在地面上流泻的雨水和融化了的冰雪水。降水常统称为雨水。这类水比较清洁，但初降雨水比较脏。雨水一般无须处理就可直接排入水体，其径流量较大，若不及时排泄，对居住区、工厂、仓库的威胁较大。

2. 城镇污水量预测和计算

虽然城镇污水的排放量与城镇性质、规模、污水的种类有关，但更直接地取决于城镇的用水量。通常，城镇污水量大约是城镇用水量的70%～90%。如果按不同污水种类细分，生活污水的排放量大约是生活用水量的85%～95%；工业污水（废水）的排放量是工业用水量的75%～95%。当然按照这种方法估算出的只是城镇污水的排放总量，城镇污水工程系统规划还要考虑到污水排放的周期性变化。

3. 城镇污水管网布置

在估算出城镇污水排放量之后，城镇污水工程系统规划需要根据城镇的地形条件等进一步确定排水区界，划分排水流域，选定排水体制，拟定污水干管及主干管的路线，确定需要必须依靠机械提升排水的排水区域和泵站的位置。

城镇污水管主要依靠重力将污水排出，因此管网的规划设计须尽可能利用自然地形和管道埋深的调节达到重力排放的要求。污水管道管径较大且不易弯曲，通常沿城镇道路敷设，埋设在慢车道、人行道或绿化带的下方，埋设深度一般为覆土深度1～2 m，埋设深度不超过8 m。

4. 城镇污水的处理利用

通过城镇污水管网排至污水处理厂的污水中含有大量的各种有害物质。这些有害有毒的物质通常包括：有机类污染物、无机类污染物、重金属离子、有毒化合物，以及各种散发出气、呈现颜色的物质。不同种类的污水，其中所含有的有毒有害物质是不一样的。通常，生活污水中多含有有机污染物、致病病菌等；而生产污水中则根据不同门类的产业含有有机、无机污染物，有毒化合物及重金属离子等。对于污水的排放标准，我国制定了一系列的标准与规范，如《煤炭工业污染物排放标准》（GB 20426—2006）、《污水排入城镇下水道水质标准》（GB/T31926—2015）、《城镇污水处理厂污染物排放标准》（GB 18918—2002）等。

通常污水处理的方法有：

物理法——包括沉淀、筛滤、气浮、离心与旋流分离、反渗透等方法。

化学法——混凝法、中和法、氧化还原法、吸附法、离子交换法、电渗析法等。

生物法——活性泥法、生物膜、自然处理法、厌氧生物处理法等。

污水处理根据处理程度的不同，通常划分为三级，级别越高表示处理的程度越深，处理后的水中污染成分越少。由于污水处理需要耗用能源和资金投入，所以选择哪个级别的处理深度主要考虑排入水体的环境容量、城镇的经济承受能力，以及处理后的水是否重复使用等多方面的因素。

此外，在水资源匮乏地区，还可以考虑城镇中水系统的建设，即将部分生活污水或城镇污水经深度处理后用作生活杂用水及城镇绿化灌溉用水，可以有效地做到水资源的充分利用，但需要敷设专用的管道系统。

5. 污水处理厂的设置

城镇污水最终排往污水处理厂，经处理后再排向自然水体。其位置、用地规模均有相应的要求。

（1）污水处理厂的占地面积

因处理方法不同而占地面积不等，如表 3-2-3 所示。

表 3-2-3　城镇污水处理厂所需面积（$10^4 \cdot m^2$）

处理水量（m^3/d）	物理处理	生物处理	
		生物滤池	曝气池或高负荷生物滤池
5000	0.5～0.7	2～3	1.0～1.25
10 000	0.8～1.2	4～6	1.5～2.0
15 900	1.0～1.5	6～9	1.85～2.5
20 000	1.2～1.8	8～12	2.5～3.0
30 000	1.6～2.5	12～18	3.0～4.5
40 000	2.0～3.0	16～24	4.0～6.0
50 000	2.5～3.8	20～30	5.0～7.5
75 000	3.75～5.0	30～45	7.5～10.0
100 000	5.0～6.5	40～60	10.0～12.5

（2）厂址的选择

第一，应尽可能地少占农田，如果可以尽量不占良田。

第二，位于城镇水源地的下游，并应设在城镇工厂厂区及生活区的下游和夏季主导风向的下风侧。一般应在城镇外，有 300 m 以上的防护距离。

第三，尽可能靠近回收处理后污水的主要用户，或靠近排放口。

第四，应避免放置在易被洪水淹没的地方。

第五，选择有适当坡度的地方，以便于污染处理构筑物的高程布置，减少土方量，降低工程造价。

第六，考虑远期发展的可能性，要留有扩建的余地。

（3）污水处理厂的布置

污水处理厂的布置包括处理构筑物、各种管渠、辅助建筑物、道路、绿化、电力、照明线路的布置等。

（八）城镇雨水工程系统规划

在降雨过程中降落到地表的水除一部分被植物滞留，一部分通过渗透被土壤吸收外，还有一部分沿地面向地势低处流动，形成所谓的地面径流。城镇雨水工程系统的功能就是将这部分地面径流雨水顺畅地排放至自然水体，避免城镇中出现积水或内涝现象。虽然雨水径流的总量并不大，但通常集中在一年中的较短时期，甚至是一天中的某个时间段中，容易形成短时期的径流高峰。加之城镇中非透水性硬质铺装的面积增大，可以蓄水的洼地水塘较少，更加剧了这种径流的峰值。因此，与城镇污水工程系统不同，城镇雨水系统虽然平时处于闲置状态，但一旦遇到较强的降雨过程，又需要具有较强的排水能力。

城镇雨水工程系统由雨水口、雨水管渠、检查井、出水口及雨水泵站等组成。城镇雨水工程系统规划主要包括以下几个方面。

（1）选用符合当地气象特点的暴雨强度公式及重现期（即该暴雨强度出现的频率），确定径流高峰单位时间内的雨水排放量（通常以分钟为单位）。

（2）确定排水分区与排水方式。排水方式主要有排水明渠和排水暗管两种，城镇中尽量选择后者。

（3）进行雨水管渠的定线。雨水管依靠重力排水，管径较大，通常结合地形埋设在城镇道路的车行道下面。

（4）确定雨水泵房、雨水调节池、雨水排放口的位置。城镇雨水工程系统规划要尽量利用城镇中的水面，调节降雨时的洪峰，减少雨水管网的负担，尽量减少人工提升排水分区的面积，但对必须依靠人工进行排水的地区需设置足够的雨水泵站。

（5）进行雨水管渠水利计算，确定管渠尺寸、坡度、标高、埋深以及必要的跌水井、溢流井等。

（九）城镇雨污合流工程系统规划

在合流制排水系统中，有直排式合流制与截流式合流制两种类型，由于前者对污水、雨水均未经任何处理，给环境造成较严重的污染，城镇规划中一般不予采用。而截流式合流制排水系统在特定情况下有一定的优势，仍可作为可选择的城镇排水系统之一。截流式合流制系统的基本原理是：在没有雨水排放的情况下，城镇污水通过截流管输入污水处理厂，经处理后排放。而当降雨时，初期的混浊雨水仍然通过雨污合流排水管网及截流管排至污水处理厂处理。只是当降雨强度达到一定程度，进入雨污合流排水管网的雨水与污水的流量超过截流管的排放能力时，一部分雨水及污水通过溢流井溢出，直接排放至自然水体，其中的污水对环境会造成一定的影响。但此时由于大量雨水的流入与混合，溢流出的污水浓度已大大降低，因此可以看出，截流式合流制系统的最大特点就是可以利用一套管网同时解决污水及雨水的排放问题，可以节省排水管网建设的投资，适用于降雨量较少、排水区域内有充沛水量的自然水体的城镇，以及旧城等进行完全分流制改造困难的地区。

对于大量采用直排式合流制的旧城地区，将合流制逐步改为分流制是一个必然的趋势，但往往受到道路空间狭窄等现实条件的制约，只能采用合流制的排水形式。在这种情况下，保留合流制，新设截流干管，将直排式合流制改为截流式合流制就是一个必然的选择。

此外，在工业生产中也会排放出大量的工业废水及生产污水。对于不含或少量含有有害物质，且尚未重复利用的工业废水，可以直接排入雨水排放系统；而对于含有有害物质的生产污水则应排入城镇污水系统进行处理。对于有害物质超出排放标准的生产污水应在工厂内部进行处理，达标后再排入城镇污水系统，或者建设专用的生产污水独立处理、排放系统。

（十）排水管网规划要点

1. 排水区界

排水区界就是指排水系统敷设的区域范围的界限，对其的划分在设计排水管网平面布置时是首要进行的任务。排水区界的内部应基于地形和城镇将其按照竖向划分成不同的排水流域。通常情况下，每个流域的边界应该与分水线一致。一些地形起伏比较大的地区或者丘陵地区，流域的分界线往往就是分水岭。在没有明显的分水线的区域，且如果该地区地形十分平坦，建议将干管埋在更深处，以便让大部分水自然流出。

2. 排水管网规划要点

城镇排水管网规划应把握下列要点。

（1）要尽量在管线长度较短和埋深较浅的情况下，使雨水和污水能够自然流动排出，因此需要合理布置排水管道。在确定排水管道的走线时，要时刻结合地形和地貌来布置，因为，合理利用地形将会对管道布局产生重要的影响。可以在排水区的低地处沿着集水线或河岸较低的地方铺设主干管和干管，以便支管能够自流接入。在地形复杂的情况下，最好将排水系统划分成几个彼此独立的管网。

（2）针对污水主干管设定哪一个走向，应该设置多少数量，这些问题的关键在于污水处理厂和出水口的位置和数量。在人口较多或地形较平缓的城市，需要的污水处理厂的数量自然也就更多，便于处理和利用污水。当城镇较小或地形相对单一时，一般只会设立一个污水处理厂，这样只需铺设一条主要管道即可。如果在一个区域里要建造几个城镇合作设立的污水处理厂，区域污水管道系统则是必须铺设的。

（3）应该简化管线布置，使其尽量简洁顺直，管线尽可能减少与河流、山谷、铁路和其他地下建筑物的交叉，还要将地质条件的影响也考虑进去。通常情况下，排水管线会沿着城镇道路进行布置。

（4）在规划管线布置时，需要考虑城镇的规划，不管是长期规划还是短期规划，都需要综合考虑进城镇的分期建设规划，以确保与规划的有效期保持一致。城镇近期规划建设的要求要优先考虑进去，这样才能设置好管道布置和敷设的线路和工期，并预留后续扩建的可能性。在规划管道时，应该根据其重要性来确定设计使用年限，城镇主干管的使用期限应相对较长，同时还需要考虑未来扩建的可能性。

（5）在规划城镇排水管网时还应当充分考虑现有水系的利用与保护工作，并注重排水系统在景观和防灾方面的功能。同时，应该将城镇排水的规划与水资源利用、防洪涝灾害、生态与景观建设紧密结合，形成统筹性的工作规划。

第三节　现代城镇电力工程规划设计

一、城镇电源的选择

（一）电源种类

1．发电厂

（1）火力发电厂

火力发电厂一般是利用煤、石油、天然气等燃料燃烧所产生的热能，通过锅炉产生蒸汽，用蒸汽冲动汽轮机带动发电机发电。

（2）水力发电厂

水力发电厂是利用河流或水库形成的落差，引水冲动水轮机旋转，将水能转变成机械能，水轮机带动发电机旋转，将机械能变为电能，然后直配给用户或经变电所和送电线路将电能送到负荷中心，使用户用上电。

（3）其他发电厂

除上述发电厂外，还有风力发电厂、潮汐发电厂、太阳能发电厂、地下热发电厂和核能发电厂等。因这些发电厂的条件限制较多，有的发电量较小，有的技术条件较复杂，目前一般还不能广泛用作城镇电源。

目前，我国城镇供电的电源主要是火力发电厂和水力发电厂两种。其中，区域火力发电厂一般建在劣质燃料基地，经变电所升压后，进入高压电力网，再送到远方的用电中心。中小型火力发电厂可靠近负荷中心建造。火力发电厂建设周期短，便于扩建，基建造价低，年利用小时高，但燃料消耗多，发电成本高，厂用电量大，较易发生事故，设备需要的钢材多，配套工程也较复杂，电厂的烟尘、灰渣对城镇的环境卫生有一定的影响。热电厂除供应用户电源外，还供给热能（热水或热气），一般蒸汽的输送距离不能超过 4～5 km，故热电厂大都建在热力用户中心。区域水力发电厂建在水力资源丰富的地方。这类厂（站）基建时间长，投资大，电厂（站）与用户离得很远，要升压远送，线路也长，但发电成本低。小型地方电厂，包括农村小水电厂、小火电厂和工厂企业自备电厂，主要供应当地负荷不大的用户。

2. 变电所

（1）变压变电所。将较低的电压变为较高电压，称为升压变电所。将较高的电压变为较低的电压，称为降压变电所。城镇区域内的变电所一般都是降压变电所。

（2）变流变电所。将直流电变为交流电，或者将交流电变为直流电。后一种变电所又称为整流变电所。

上述两种变电所可根据不同需要而选用。有时一个变电所可兼有几种用途，而不必将它们分别设置。

（二）城镇供电电源选择

电源的选择应考虑电力系统可靠性的基本要求。电源是供电系统的主体，它与城镇各项建设都有密切的关系，同时它关系着供电的可靠性和经济合理性。电源选择一般应注意以下问题。

（1）选择电源要综合研究地区的能源状况，考虑资源利用条件，开发的可靠性及经济性。

（2）电源的分布应在保证可靠性和满足国防安全的前提下，根据负荷状况，按各种用户的分布，采取经济合理的布局方案。

（3）在基本满足厂址建设要求的情况下（供水、排灰、运输、地形、地质、卫生条件等），电源应尽量靠近负荷中心。

二、城镇供电工程系统的构成和功能

城镇供电工程系统由城镇电源工程、城镇输配电网络工程组成。

（一）城镇电源工程

城镇电源工程主要有城镇电厂、区域变电所（站）等电源设施。城镇电厂是专为本城镇服务的火力发电厂、水力发电厂（站）、核能发电厂（站）、风力发电厂、地热发电厂等电厂。区域变电所（站）是区域电网上供给城镇电源所接入的变电所（站）。区域变电所（站）通常是大于等于 110 kV 电压的高压变电所（站）或超高压变电所（站）。城镇电源工程具有自身发电或从区域电网上获取电源为城镇提供电源的功能。

（二）城镇输配电网络工程

城镇输配电网络工程由城镇输送电网与配电网组成，城镇输送电网含有城镇变电所（站）和从城镇电厂、区域变电所（站）接入的输送电线路等设施。城镇变电所通常为大于 10 kV 电压的变电所。城镇输送电线路以架空电缆为主，重点地段采用直埋电缆、管道电缆等敷设形式。输送电网具有将城镇电源输入城区，并将电源变压进入城镇配电网的功能。

城镇配电网由高压、低压配电网等组成。高压配电网电压等级为 1～10 kV，含有变配电所（站）、开关站、1～10k V 高压配电线路。高压配电网具有为低压配电网变、配电源，以及直接为高压电用户送电等功能。高压配电线路通常采用直埋电缆、管道电缆等敷设方式。低压配电网电压等级为 220 V～1 kV，含低压配电所、开关站、低压电力线路等设施，具有直接为用户供电的功能。

三、城镇供电工程系统规划的主要任务和内容

（一）城镇供电工程系统规划的主要任务

城镇供电工程系统规划的主要任务为：结合城镇和区域电力资源状况，合理确定规划期内的城镇用电标准、用电负荷，进行城镇电源规划；确定城镇输配电设施的规模、容量，以及电压等级；科学布局变电所（站）等变配电设施和输配电网络；制定各类供电设施和电力线路的保护措施。

（二）城镇供电工程系统规划的主要内容

根据城镇规划编制层次，城镇供电工程系统规划也分为总体规划和详细规划两个层次。

城镇供电工程系统总体规划的主要内容如下：

（1）确定用电标准，预测城镇供电负荷。

（2）选择供电电源，进行供电电源规划。

（3）确定城镇供电电压等级和变电设施容量、数量，进行变电设施布局。

（4）布局高、中压送电网和高压走廊。

（5）布局中、低压配电网。

（6）制定城镇供电设施保护措施。

城镇供电工程系统详细规划的主要内容如下：

（1）计算供电负荷。

（2）选择和布局规划范围内的变配电设施。

（3）规划设计高压配电网。

（4）规划设计低压配电网。

四、城镇电力负荷预测

城镇用电可大致分为两类，即生产用电和生活用电。对于生产用电还可以根据产业门类进行进一步的划分，预测城镇电力负荷可采用的方法较多，如产量单耗法、产值单耗法、人均耗电量法（用电水平法）、年增长率法、经济指标相关分析法、国际比较法等。但预测的基本思路无外乎两种，一种是将预测的用电量，按照用电分布转化为城镇中各个用电分区的电力负荷；另一种是以现有电力负荷密度为基础进行预测。在实际预测过程中，可根据不同层次的规划要求采用不同的方法。在城镇总体规划阶段，城镇供电工程系统规划需要对城镇整体的用电水平，以及各种主要城镇用地中的用电负荷做出预测。通常将人均城镇居民生活用电量作为预测城镇生活用电水平的指标；将各类用地的分类综合用电指标作为预测各类城镇用地中的单位建设用地面积用电负荷指标，进而可以累计出整个城镇的用电负荷。而在详细规划阶段，一般将城镇建筑单位建筑面积负荷密度指标作为预测用电负荷的依据。

根据对供电可靠性的要求，电力负荷分为三级。

一级负荷：中断供电将造成人民生命危险、设备损坏、打乱复杂的生产过程，并使大量的产品报废，给国民经济造成重大损失，使市政生活中的重要部门发生混乱。但是，某用户有一级负荷，绝不能认为该用户的全部负荷都是一级负荷。

二级负荷：停止供电将造成大量减产，工人窝工，机械停止运转，工业企业内部交通停顿，以及城镇中大量居民的正常生活受到影响。

三级负荷：不属于以上一、二级的其他负荷。

对于一级负荷必须有两个独立的电源供电。对于二级负荷是否需要备用电源，应根据该用户对国民经济的重要程度而定，一般可考虑用单回架空线供电，当用电缆线路供电时，则不得少于2根，每根电缆单独用隔离开关。一般应采用2台变压器向二级负荷供电，如可以从其他变电所取得电源时，也允许用电变压器供电。

五、城镇供电设施规划

城镇供电电源均来自各种类型的发电厂，如火力发电厂、水力发电厂、风力发电厂、地热发电厂、核能发电厂等。对于城镇而言，供电电源或由靠近城镇的电厂直接提供，或通过长距离输电线路经位于城镇附近的变电所向城镇提供。

由于水力发电厂受到地理条件的制约，核能发电厂等在我国尚未普及，火力发电厂就成为靠近城镇的发电厂中最常见的一种。火力发电厂的布置在满足地形、地质、水文、气象等条件下，应考虑以下内容。

（1）发电厂应尽量靠近负荷中心。

（2）应有可靠的燃料供应。

（3）需要有充分的供水条件。

（4）有适当的排灰渣场地，并考虑其综合利用。

（5）具有方便的交通运输条件。

（6）充分考虑高压线进出的条件和留有扩建余地。

（7）与居住区的位置要适当，要有卫生及安全防护地带。

（8）用地规模主要与总装机容量有关，规模越大，单位装机容量的占地面积就越小，一般在0.28～0.85hm^2/万kW之间。

变电所的作用有两个：一是将高压变低压或将低压变高压；二是集中电力和分配电力，控制电流的流向和调整电压。城镇地区一般为降压变电所。

变电所一般有屋外式、屋内式或地下式、移动式等。确定其位置时应考虑以下内容。

（1）接近负荷中心或网络中心。

（2）便于各级电压线路的引入或引出，进出线走廊要与变电所位置同时决定。

（3）变电所用地要满足地质和水文方面的设计要求，不占或少占农田，不受积水浸淹。

（4）工业企业的变电所不要妨碍工厂发展。

（5）靠近公路或城镇道路，但应与其有一定间隔。

（6）区域性变电所不宜设在城镇内。

变电所供电范围的划分应考虑下列因素。

（1）要保证末端用户的电能质量。

（2）应注意各变电所之间划分供电范围的关系，供电网电压的配置，以及变压器绕组连接形式（即相角）。

（3）对于发电机电压为 6 kV、10 kV 的中、小型发电厂附近的用户，一般可由发电机母线直接供电。

六、城镇供电网络规划

在城镇供电规划中，按照供电网络的功能及其中的电压分为：为城镇提供电源的一次送电网、作为城镇输电主干网的二次送电网，以及高压、低压配电网。按照我国现行标准，供电电网的电压等级分为八类。其中，城镇一次送电为 500 kV、330 kV 及 220 kV，二次送电为 110 kV、66 kV、35 kV。高压配电为 10 kV，低压配电为 380/220V。

城镇供电网络的接线方式主要有放射式、多回线式、环式及网格式等，其可靠性依次提高。其中，由于放射式可靠性较低，仅适用于较小的终端负荷。

城镇供电网络通过网络中的变电所与配电所将高压电降为终端用户所使用的低压电（380/220V）。变电所的合理供电半径主要与变电所二次侧电压有关，二次侧电压越高，其合理供电半径就越大。例如，城镇中最常见的二次侧电压为 10 kV，变电站的合理供电半径在 5～7 km。而将 10 kV 高压电变为低压电的配电所、开闭所的合理供电半径在 250～500 m 之间。

七、城镇电力线路规划

电力线路按照其功能可分为高压输电线与城镇送配电线路；按照敷设方式又可以分为架空线路与电力电缆线路，前者通常采用铁塔、水泥或木质杆架设，后者可采用直埋电缆、电缆沟或电缆排管等埋设形式。电力电缆通常适用于城镇中心区或建筑物密集地区的 10 kV 以下电力线路的敷设。对于架空线路，尤其是穿越城镇的 10 kV 以上高压电力线路，必须设置必要的安全防护距离。在这一防护距离内不得存在任何建筑物、植物，以及其他架空线路等。

城镇规划需在高压线穿越市区的地方设置高压走廊（或称电力走廊），以确保高压电力线路与其他物体之间保持一定的距离。高压走廊中禁止其他用地及建筑物的占用，进行绿化时应考虑到植物与导线之间的最小净空距离（不小于 4～7 m）。高压走廊的宽度与线路电压、杆距、导线材料、风力等气象条件，以及由于这些条件所形成的导线弧垂、水平偏移等有关，准确数值需要经专门的计算，但一般可根据经验值选用。此外，高压输电线与各种地表物（地面、山坡、峭壁、岩石、建筑物、树木）的最小安全距离，与铁路、道路、河流、管道、索道交叉或接近时的距离，以及低压配电线路与铁路、道路、河流、管道、索道交叉或接近时的距离均有相应的要求。

第四节 现代城镇电信工程规划设计

随着人类社会科技的发展和人们生活水平的提高，电信、广播、有线电视、计算机等电气设施与电力、照明设施一样，成为现代人们生产生活和城镇建设中最基本的工程设施。

电信工程规划作为城镇总体规划的组成部分，应由当地专业部门及城镇规划管理部门共同负责，结合城镇的总体规划、需求及目标，对城镇总体规划有关部分提出具体要求，以保证两者之间有效衔接。

电信工程规划应以城镇建设总体规划为主要依据，远近结合，必须充分掌握规划区内居民规模、工农业情况、各种建筑物及其功能、当地电力资料、气象等条件，才能做出适应城镇建设需要的相适宜的工程设计。电信工程规划设计的内容是：了解和选择电源；设备容量计算；确定城镇电信工程规模；确定各工作站、所的数量及位置；确定信息传输技术指标。

一、电信系统的组成

电信系统主要由电信系统、广播系统、电视系统、报警系统、计算机系统等组成。

（一）电信系统

电信系统指在城镇区域内外的电信部门（局）与微波站、卫星及卫星地面站；电信局与中转设备；电信局与用户集中设备；电信局与用户终端设施（如电话交换机、手机、接收机、计算机等）以有线和无线的形式进行信息传输的系统。

（二）广播系统

广播系统指在城镇区域内外的广播部门（台、站）、发射台（站）、中转台（站）、微波站、卫星及卫星地面站、用户接收设备、用户终端设备（如接收机、播音机、收音机、音响、电报机、计算机等）间以有线和无线的形式进行信息传输的系统。

（三）电视系统

电视系统指在城镇区域内外的电视部门（台、站）、发射台（站）、中转台（站）、微波站、卫星及卫星地面站、用户接收设备、用户终端设备（如接收机、电视机、监控机、计算机等）间以有线和无线的形式进行图像及其相配的声音、可视信息传输系统。

（四）报警系统

报警系统指在城镇区域内外的公安消防部门、信息发生源、发射台（站）、中转台（站）、微波站、卫星及卫星地面站、接收设备、控制中心、终端设备（如报警器、警铃、公安消防人员、接收设备、电视机、计算机、安全防卫设施等）间以有线和无线的形式进行信息报警及联络控制的传输系统。

（五）计算机系统

计算机系统指在上述电信系统、广播系统、电视系统、报警系统中应用计算机的功能完成各种系统的智能化信息传输的系统。

以上各种系统都是以电磁波的方式传输信息，发出和接收的设备相似。其系统有互相兼容、互相利用、互相类似、互相渗透的特点。随着电信工程的发展，电信系统采用计算信息网络系统进行图形或声音的信息收集、监测或者放大、处理编辑、再传输等一系列工作。

二、容量预测与计算

（一）市话需求量预测

1．相关回归模型

以人均 GDP 指标反映各地经济发展综合水平，以电话普及率反映各地通信市场发展水平，建立人均 GDP 和电话普及率相关模型。人均 GDP 电话普及率取同一时期各省（市、自治区）的统计数据。用人均 GDP 和电话普及率相关模型表示处于不同经济发展水平下的相应电话普及率水平，对我国未来通信市场需求可以起到预测的作用。

首先根据“城市经济和社会发展五年计划及远景目标”得到人均 GDP 值。为了应用上面的模型，将预测值换算为可比价。

下式是根据 1993 年我国各地区人均 GDP 与话机普及率所做的相关回归分析，结果是相关系数 r=0.9416，相关程度密切。得相关回归模型：

$$Y = -1.2177 + 0.0013X \left(3-4-1\right) \qquad (3\text{-}4\text{-}1)$$

（当 r=0.9416）

式中：X——人均 GDP（元），取《国民经济统计年鉴》中的值；

Y——话机普及率（每 100 人拥有的话机部数）。

2．电话增长率预测法

普及率按下式计算：

$$Y_t = P_t R_t \left(3-4-2\right) \qquad (3\text{-}4\text{-}2)$$

式中：Y_t——预测年的话机总数；

P_t——预测年的话机普及率；

R_t——预测年的人口总数；

t——预测年。

根据国家人口政策确定不同阶段人口的增长率，预测人口 R 的量。根据全国及地区电信发展目标、城市经济发展特点等，确定电话总量的增长率，最后得到电话普及率等发展目标。

（二）移动电话需求量预测

1. 时间序列外推法

移动电话的发展在大多数城市都有了近十年的历史，因此具有一定的历史数据可以分析。常用的时间序列外推法的拟合公式为如下形式：

线性拟合公式，由下式表示：

$$Y_t = a + bt(3-4-3) \tag{3-4-3}$$

指数拟合公式，由下式表示：

$$Y_t = ae^{bt}\left(3-4-4\right) \tag{3-4-4}$$

式中：Y_t——预测年的移动电话总数；

a，b——待求参数。

2. 弹性系数预测法

弹性系数预测法是考虑移动电话发展与经济发展过程的关系的预测方法，增长率的确定加进了经济增长的因素。大量的研究结论为电信的发展快于社会经济的发展，移动电话也符合这个规律。预测的移动电话量按下式计算：

$$Y_t=Y_0\ (1+aK)\ t\ (3-4-5) \tag{3-4-5}$$

式中：Y_t——预测年的移动电话总数；

Y_0——基础年的移动电话总数；

K——经济发展年均增长速度，参考当地国民经济和社会发展规划；

a——弹性系数，由历史数据中移动电话的增长率除以经济发展的增长率，并考虑一般的移动电话与经济发展的关系得到。如移动电话的增长率为 90%，经济增长为 10%，则 a=0.90÷0.10=9；

t——预测年。

3. 普及率类比预测法

普及率类比预测法是常用的预测方法。移动电话的发展过程与其他电信业务类似，可从其他事物发展初期的发展规律进行分析，我国与发达国家的发展差距、国内各城市、各地区间的发展不平衡也可以作为类比的依据。

对国内各城市、各地区间进行类比预测时，对城市的国民经济特点、国民经济的构成、社会信息化的进程、社会耐用消费品、人口构成、其他电信业务的发展情况等都可作为类比的依据。

（三）因特网及多媒体通信需求量预测

1. 一次曲线法进行用户预测

根据国内某些城市基于IP技术的Internet用户和公众多媒体用户的按月统计分析，用户增长趋势符合线性增长规律。在预测模型上选择回归方法中的线性模型、采用指数平滑预测方法的平滑预测技术，能较好地掌握用户发展规律。

2. 利用调查结果预测近期因特网及多媒体通信用户

开展专项调查或利用各种形式的调查，通过分析比较，预测因特网及多媒体用户近期发展是最直接、最可靠的预测方法。因此，对因特网及多媒体网络进行规划时，开展专项调查是必不可少的。

三、局所规划与线路布置

（一）局所规划

城镇电信系统规划中，比较重要的工作之一是局所规划，即电信局（支局、所、站）和邮政局（支局、所）等设施的规划。城镇电信系统局所规划的主要内容包括以下几点。

（1）研究规划期限内局所的分区范围、局所的位置和数目、装设交换机的容量及大致建设年限。

（2）研究整个电信网络近期至远期的中继方式及其发展过程。

（3）确定电信线路网在各个时期的用户线路等。

（4）电信局和邮政局位置的选择必须符合环境安全、服务方便、技术合理和实用的原则，一般应满足：①局址的环境条件应尽量安静、清洁和无干扰影响；②地质条件良好，在邻近地层断裂带和流沙层等危险地段、地震设防地区应尽量选择对房屋抗震和建设有利的地方；③地形较平坦，避免太大的土方工程，地下水位较低并不受洪水和雨水淹没的威胁；④局址要与城镇建设规划协调配合，考虑近远期结合，并留有适当的发展余地；⑤局址应尽量接近路网中心，使线路网建设投资最省、线路日常运营费用最低。

电信专用房屋包括电信局（电信支局、所、站），而电信局（电信支局、所、站）是电信系统的枢纽。其他专用房屋有电信综合局、长途电信局、市内电话局、邮政局（支局、所）、邮政分拣中心、营业楼、无线电发射台及接收台、转播站、有人增音站、无人增音站、长途线务站（段、所）、中转站、中继局（站）、载波站、微波站、地球站、卫星地面站等及其生产生活附属设施。

在选择地址时，应重点考虑通信网络规划和通信技术要求，并综合考虑水文、地质、地震、交通、城镇规划、投资效益等因素，以及生活附属设施。最终选择的地址应是经过反复比较后选定的最合适的地址。

在选择地址时，应尽量避免占用大量农田或者不占用农田。在选择应用安全环境时，应避免选择靠近易燃易爆的建筑物和堆放区。最好选取地形平坦、土质优良的地区，要避免选择断层、土壤边缘、古河道及容易发生沙土液化、塌方和滑坡的地带，同时需要注意避开可能存在地下矿藏的地点。另外，不要选择位于常受洪水灾害的区域，如果实在无法避免，可以在地势高出洪水水位 0.5 m 以上的地方选址建造基地，还要辅助实施防洪措施来减少洪水的影响。应在符合卫生条件的环境下选址，避免选择位于靠近散发有害气体、烟雾、粉尘和有害物质的工业企业附近。另外，最好接近能提供通信安全保密、人防、消防等设施的地方，同时选择的地址最好可以提供便利的电力、自来水和采暖设施。最后，需要注意综合考虑短期和长期的影响，做出留有余地的决策。

无线电电台和微波站的位置必须保持与重要军事设施、机场、大型桥梁等的距离不小于 5 km。在距离主干铁路 1 km 以内的地方不能设置天线场地。

此外，为了保证通信质量，选择通信地址时需要考虑环境的安静程度。地点不应位于城市广场、电影院、停车场、火车站及噪声和震动大的工业区附近。还需考虑周边的干扰源，如高压电站、电气化铁路、广播电视、雷达和无线电发射台，以免受到影响

邮政类的地址应选择在火车站一侧，靠近火车站站台，有方便接发火车邮件的邮运通道，有方便出入枢纽的汽车通道等交通方便的地方。

规划设计指标应与电信系统部门具体协商确定。其中，电信局、长途局、市

话局、地球站、微波站、载波站等的建筑密度可为 25%～35%，最大不宜超过 45%。

一般电信局楼的设置数量以城市性质和人口密度为依据，主要考虑电话交换局的容量、网络安全的因素。新建电话交换局一般考虑设计容量在 15 万门／局，特殊情况下不超过 25 万门／局。一般电信局楼有条件时与综合电信楼合并，多数情况要单独考虑规划建设。

一般电信局楼的设置数量还要考虑电信接入网的引入、模块局的设置及历史原因小容量的交换局的使用和构造。设置原则为最远用户距离控制楼 2.5～3.5 km。一般电信局楼的密度为 8～10 km^2 一个。

城镇邮政通信枢纽局和各类邮政综合分拣中心或者专业分拣中心的生产生活建筑，其总平面布置的建筑密度宜为 25%～30%，不应超过 35%。扩建及改建时的建筑密度可按实际情况确定。

城镇邮政局所的建筑面积与用地面积如表 3-4-1 所示。①

表 3-4-1　邮政局所建筑面积与用地面积

邮政设施类型	中心地区		其他地区	
	用地面积（m^2）	建筑面积（m^2）	用地面积（m^2）	建筑面积（m^2）
邮政支局	不单独占地	800—1500	1000—2000	800—1500
邮政所	不单独占地	100—300	不单独占地	100—300
建设要求	不单独占地的邮政局，可与交通枢纽站场、商业商务建筑复合建设，但业务用房应在地上首层设置			

（二）线路布置

电信系统的通信线路可分无线和有线两类，无线通信主要以电磁波的形式传播，有线通信由电缆线路和光缆线路传输。

电缆线路根据城镇规模、分区发展速度、用户性质、分布密度、距离远近、原有线路设备的分布、有利施工和维护等因素选择配线方式。市话电缆网络的配线方式有直接配线、复接配线、补助配线和交接配线四种。直接配线或复接配线

① 道客巴巴．邮政局所建设标准[R/OL].（2015-02-22）[2023-01-02].https：//www.doc88.com/p-7773289028913.html.

的特点是从市话局到各分线设备的电缆线路不经过交接箱或补助箱一类的接续设备，用跳线临时跳接。补助配线和交接配线较前两种方式通融性大，因而在一个电缆网络中亦可混合使用多种配线方式，以提高电缆网络的灵活性和通融性。

电缆线路一般采用地下直埋方式或管道方式，如暂时不具备地下建筑条件或费用过高而无力承受时，可采用架空铺设作为过渡措施。通信电缆线路的布置原则如下：

（1）符合城镇远期发展总体规划，使电缆线路长期稳定地使用。

（2）线路应尽量短捷，在比较永久性的道路上敷设，尽量不占耕地和良田，以节省线路工程造价和节约用地。

（3）注意线路的安全性和隐蔽性，避开不良地质条件的地段，防止复杂的地下情况或有化学腐蚀性的土壤对线路造成影响，防止地面塌陷、土体滑坡、水浸等对线路的破坏。

（4）重要的主干电缆和中继电缆宜采用迂回路线，构成环形网络，以保证通信安全。

（5）便于线路的敷设和维护，避开与有线广播和电线的相互干扰，协调好与其他地上、地下管线的关系，满足各种间距要求。

（6）提高通信线路网的灵活性、通融性和安全可靠性，适当考虑未来可能的调整、扩建和割接的方便，留有必要的发展变化余地。

（7）在下列地段，通信电缆一般不宜穿越或敷设：①今后预留发展用地或规划未定的地区；②电缆长距离与其他地下管线过近地平行敷设，或地下管线和设备复杂，经常挖掘修理易使电缆受损的地区；③有可能使电缆遭受各种腐蚀或破坏的不良土质、不良地质、不良空气和不良水质条件的地区，或靠近易燃、易爆场所的地带；④如采用架空电缆，可能严重影响城镇主要公共建筑的立面美观或有碍绿化的地段；⑤可能建设或已建成的快车道、主要道路或高级道路的下面。

四、广播电视系统规划

（一）无线电视系统

电视系统为可视信息传输系统，同样可分为有线电视系统和无线电视系统。

它通过电视台或发射台把实物的影像变成电视信号，以电磁波的形式传输其电视信号，到达电视机后，电视机把接收到的电视信号再还原成影像映在电视荧光屏上。

电视系统的专用建筑、传输线路和电信系统、广播系统的布置相似，在建设专用建筑（如微波站、发射台等）时往往合建，以利资源、设备共享共用。其中，有线电视的信息传输线路材料多为同轴电缆。

有关省级电视中心建设规模分类如表 3-4-2 所示。

表 3-4-2　省级电视中心建设规模分类 ①

项目		Ⅰ类	Ⅱ类
播出节目量（h/d）	一套综合节目	4～5	8～10
	二套综合节目	3～4	6～8
自制节目量（h/d）	自制综合节目	1	2
	自制教育节目	1～2	3～4
建筑面积（m^2）		14 000	19 000
占地面积（hm^2）		3～4	4～5

（二）有线电视系统

广播电视是现代城镇广泛使用的信息传播工具，对传播信息、丰富广大居民的精神文化生活起着十分重要的作用。广播电视系统分有线和无线两类。尽管无线广播已日益取代原来城镇中占主导地位的有线广播，为了提高收视质量，有线电视在现代城镇逐步普及，是城镇居民获得电视信号的主要途径。

1. 有线电视台址的选择

根据每个城镇的实际情况和区域条件，既可自行设置有线电视台以接受无线电视信号并通过有线电视线路传输给用户，也可在一定区域范围内集中设置有线电视台并实行区域传输。无论何种方式，有线电视台址的选择应做到：①尽量设在用户负荷中心，以节省线路网建设费用，缩短传输路径并保证传输质量；②尽

① 百度文库．城市播送电视设施与其他通信设施规划[R/OL]．(2015—03—10) [2023—01—04]．https://www.doc88.com/p—0387215198568.html.

量设在环境安静、清洁和无噪声干扰的地方，并避免潮湿和高温环境；③具有良好的地质条件；④远离强磁场、强电场设施，以免产生干扰。

2．有线电视线路的布置

有线电视与有线电话同属弱电系统，其线路布置的原则及要求与电信线路基本相同，可参见电信线路布置的有关要求。

此外，随着计算机互联网的迅猛发展，网络给当代社会、经济生活带来了巨大变化。计算机网络在城镇各行各业和日常生活中的应用日新月异，因此编制小城镇电信规划时，应对网络的发展给予足够重视并留有充分的空间和余地。

（三）广播系统的组成

广播系统主要由信息节目制作间（如播音室）、传输线路、无线电发射台及接收台、转播站、微波站、广播电台、信号接收和发生设备或转播设备、放大设备或收听设备等组成。

其中广播系统无线电发射台的天线区（包括地网区）一般应采用围墙加以保护，中波天线塔桅底部必须采用围墙局部围护。无线电发射台的机房及其辅助技术建筑所构成的区域称为技术区。技术区应以围墙加以围护，技术区内建筑物间的最小距离除了符合防火标准外还应符合以下要求，如表 3-4-3 所示。

表 3-4-3　无线电发射台技术区内建筑间的最小距离①

序号	建筑物名称	最小距离（m）
1	机房距技术区围墙	40
2	机房距技术区大门	50
3	机房距单独设立的变压器修理间	20
4	机房距柴油发电机室	30
5	机房距油库及危险品库	30
6	喷水冷却池距任何建筑	30
7	机房距冷却塔	20
8	水井、储水池及其他给水建筑物距任何建筑物	50

① 金兆森．城镇规划与设计 [M]．北京：中国农业出版社，2005.

广播系统按其规模大小进行分类，并按类别规定了一些专用建筑的规划设计指标（表 3–4–4、表 3–4–5、表 3–4–6）。

表 3-4-4　省际和省内广播电视微波站房屋面积[①]

站型	技术用房面积（m^2）	生活用房面积（m^2）	
		分开建	合建
端站	314	420	272
枢纽站	368	432	272
中继站	314	426	272

注：①生活用房面积不包括家属宿舍和单身宿舍面积。

②微波站占地面积为房屋占地总面积的 6 倍～10 倍。

表 3-4-5　城镇级有线广播站房屋建设规模分类[②]

项次	项目	Ⅰ类	Ⅱ类	Ⅲ类
1	建筑面积（m^2）	120～150	200～230	270～300
2	占地面积（m^2）	不小于总建筑面积 2 倍		

注：考虑今后广播事业的发展，占地面积应适当留有发展余地。

表 3-4-7　省辖市级广播、电视中心建设规模分类[③]

项目	Ⅰ类	Ⅱ类	Ⅲ类
广播（h/d）	中波节目播出量	⩾ 10	⩾ 14
	调频节目播出量	⩾ 5	⩾ 8
	自制节目量	⩾ 1	⩾ 1.4

① 外唐智库．广播电视微波工程建设标准[R/OL]．(2015–03–10) [2023–01–08].https://www.waitang.com/report/250647.html.

② 金兆森．城镇规划与设计[M]．北京：中国农业出版社，2005.

③ 百度文库．城市播送电视设施与其他通信设施规划[R/OL]．(2015–03–10) [2023–01–15].https://www.doc88.com/p–0387215198568.html.

续表

项目	Ⅰ类	Ⅱ类	Ⅲ类
电视（h/d）	综合节目播出量	≥ 2.5	≥ 3.5
	教育节目播出量	≥ 2.5	≥ 3
	自制综合节目量	≥ 0.4	≥ 0.75
	自制教育节目量		≥ 0.75
建筑面积（m^2）		6 000	8 000
占地面积（hm^2）		1.2～1.5	1.6～2

第四章　现代城镇公共中心规划设计

作为城镇的公共中心，担负着城镇重要的活动集散地的作用，承载着城市政治、经济和文化等社会生活活动，集中了大量的市民活动。它涵盖了商业服务、文化体育、娱乐活动等领域，以及行政办公、医疗卫生、邮电交通等领域。公共中心在公共建筑的功能和活动内容的需求下，设计一个区域，这个地区在广场、绿地和交通设施的配合下形成一定的功能。这里主要探讨的是现代城镇中心规划设计、现代城镇广场规划设计的内容。

第一节　现代城镇中心规划设计

一、城镇中心的基本内容

城市中心是服务于城市和周边地区的集聚区，其功能必须适应城市自身和拓展城乡的需要。城市中心包含多个功能区域的组合，这些区域的不同组合构成城市中心的不同景观和活力。根据城镇规模的不同，可以设立一个或多个中心。它主要由公共建筑和开放空间两大要素构成，概括而言有以下几种类型。

（一）行政管理类

行政管理类包括城镇内的政府部门（党政机关）、管理机构、社会团体、法院等。在历史上，城镇的分布特点是大多被建造在主轴线上，以便凸显其权威地位，起到震慑、主导作用。现代城镇往往在交通便利但相对安静的地方设置行政管理机构，因为这样做可以减少其与居民日常生活的关联，同时也能提供更好的服务。随着我国政治制度的逐步健全，越来越多的城镇在中心地区设立了行政服务中心，方便服务群众。

（二）商业服务类

商业服务类包括零售商店（如商场、百货店、超市、专业店、集贸市场）、酒店业（如宾馆、旅店、招待所）、餐饮服务业（如酒楼、饭店、饮食店、茶馆、小吃店）以及个人服务业（如理发店、照相馆、洗浴店）等。居民的生活离不开生活服务业，两者是息息相关的，而商业服务业则是城市中心不可或缺的组成部分。在城镇中的居住地区，人们需要常规的商业服务设施来满足他们日常的基本需求。相比之下，在城镇中心地带，商业服务设施则更加全面和专业化。

（三）金融保险类

金融保险类包括各类金融机构，如银行、信用社、保险公司及信托投资公司等。在社会经济的不断推动下，金融保险业的重要将日益凸显，并发挥出更大的作用，与城镇中心产生更加紧密的联系。

（四）邮电信息类

邮电信息类指的是邮政、电信、广播电视等领域，随着网络的迅猛发展，也包括了网络通信服务成为其中的重要组成部分。现代城镇经济可持续发展的标志之一是信息技术的发展水平。

（五）文体科技类

文体科技类设施也有很多种类，包括为公众提供文化、娱乐、体育、教育等服务的场所，如文化站（室）、影剧院、体育场、游乐健身场、青少年活动中心、老年活动中心、图书馆、科技中心（站）、纪念馆、展览馆、农科所等。根据城镇规模的不同，项目的设置会有所增减。在城镇的设施建设中，文化、娱乐、体育和科技的作用越来越重要，而城镇中的相关设施不仅能提供代表城镇独特价值观和传统的文化，有可能成为城镇的标志，还能促进城镇的发展和提升居民的生活质量。因此，必须建设体现民俗文化和地方特色的文体科技类设施。考虑到城市的具体情况，文体设施的建设可以采取分散布局或集中建设综合文体中心的方式；也可以选择成组布局，打造一个宜人安静的适合学习、社交的空间。

（六）医疗保健类

医疗保健类是指提供医疗保健服务的机构，包括医院、卫生院、防疫站、计划生育指导站、保健站、疗养院等。近些年，人民生活水平不断提升，在保健、养生等方面的意识也越来越高，健康的需求不断增长，因此城镇的医院需求无论在数量还是质量、专业性上都在提高，需要建设更多的高质量的医院来满足需求。

（七）民族宗教类

民族宗教类地方包括寺庙、道观、教堂等，是信仰者进行活动的核心地区。特别是在少数民族居住地区，如回族、藏族、维吾尔族等地方，清真寺、喇嘛庙等是必要性的建筑，在城镇中具有至关重要的地位。近几年，旅游业进入发展热潮，为了加强对文物古迹和重要文化设施的保护，必须充分重视古寺庙的保护和利用问题。

（八）交通物流类

交通物流类包括城镇内部公共交通、城镇对外交通，主要有道路、车站、码头等。近年来，随着我国小城镇建设步伐的不断加快，交通设施有了长足的发展，但交通问题依然突出，人流、物流有序、快捷、方便地流动，这是城镇经济快速发展的基础。

传统的城镇中心多布置车站、码头等，随着城镇功能和交通的日趋复杂，该类建筑特别是区域性的人流、物流，宜移至郊区。

（九）环境休闲类

环境休闲类包括广场、绿化、建筑小品、雕塑等。其中，广场是现代城镇中心所必需的。

二、城镇中心的空间布局形式

城镇中心的空间布局形式常用的有沿街式布置、组团式布置、广场式布置，其基本组合形式如下。

（一）沿街式布置

1．沿主干道两侧布置

城镇主干道居民出行方便，中心地带商家集中，相互依存，街面繁华，居民聚集，人流量大，购买力集中，经济效益较高（图 4−1−1a）。

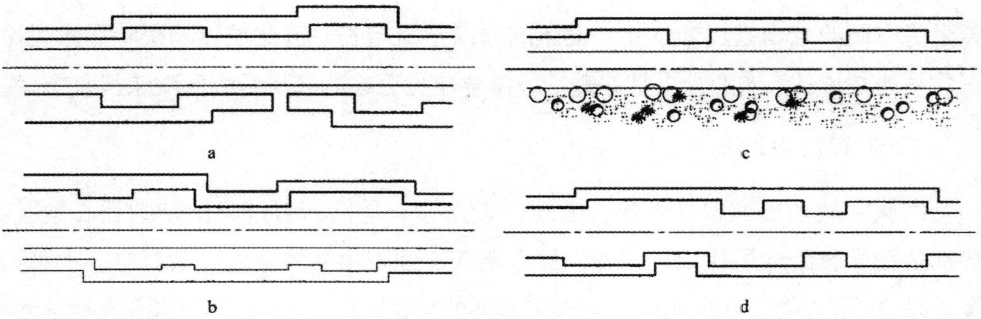

a. 沿主干道两侧布置；b. 沿主干道单侧布置；

c. “半边街”布置；d 步行商业街布置

图 4-1-1 沿街式布置

沿主干道两侧布置沿街呈线形发展，宜于创造街景，改善城镇外貌。街道两侧的公共建筑，应将使用功能上有联系的在街道一侧成组布置，以减少人流频繁穿越街道。

沿主干道两侧布置的缺点是直接带来了严重的交通混乱和安全隐患。在城镇的繁华街道上，汽车、摩托车、自行车、行人等混行，有些商家还占道经营，这样势必会造成秩序混乱，影响交通，甚至交通阻塞，引发交通事故。

2. 沿主干道单侧布置

沿主干道单侧布置公共建筑，或将人流大的公共建筑布置在街道的单侧，另一侧少建或不建大型公共建筑，当主干道另一侧仅布置绿化带时，这样的布置俗称“半边街”，显然半边街的景观效果更好（图 4-1-1b、图 4-1-1c）。人流与车流分开，行人安全、舒适，流线简洁，对交通组织很有利。街道较长时宜分段布置，设置街心花园和小憩场所。分段规划中宜形成高潮区、平缓区，闹、静结合，街景适当变换，以丰富街景、减少行人疲劳。

沿主干道单侧布置和“半边街”布置的缺点是拉长了流线，另外生活在街道对面的居民购物不是十分方便，通常适用于小规模、性质单一的商业区。如能向街道一侧纵深方向发展，形成步行商业街，则是一种值得提倡的布局方式。

3. 步行商业街布置

步行商业街常布置在交通主干道一侧，和干道联系密切，交通方便。步行商业街在营业时间禁止车辆进入，人们不用担心安全问题，过往穿行便捷，在此漫步购物，会使身心愉悦（图 4-1-1d）。街道不宜过宽，建筑空间尺度亲切宜人。

步行商业街布置要处理好购物人流与货运交通之间的关系，留出相应的停车场地和休息空间。

（二）组团式布置

1. 市场街

市场街是我国传统的城镇中心布置手法之一，常布置在中心的某一区域内，内部交通呈几纵几横的网状街巷系统。沿街巷两旁布置店面，步行其中，安全方便，街巷曲折多变，街景丰富（图 4-1-2a）。若综合性市场、小型剧场、茶楼及花木商店、手工艺商店等布置其中，则更显丰富多彩，而且有可能成为一个旅游景点。

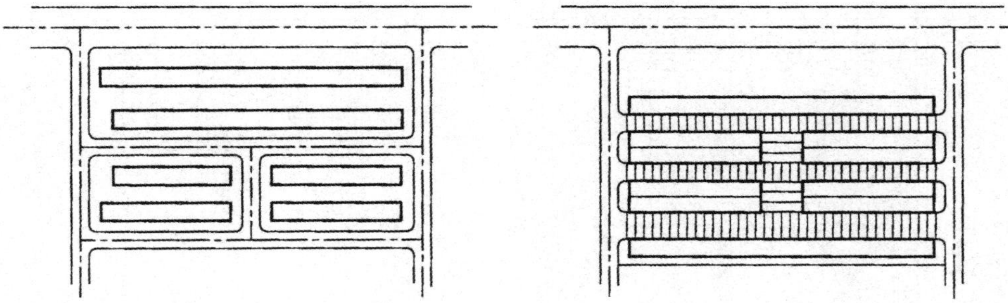

a　　　　　　　　　　　b

a. 市场街布置；b 带顶市场街布置

图 4-1-2　组团式布置

2. 带顶市场街

为了使市场街在刮风、下雨等自然条件下，内部活动少受或不受影响，可在公共空间上设置阳光板、玻璃等顶棚，形成室内中庭的效果（图 4-1-2b）。

（三）广场式布置

1. 四面围合

以广场为中心，四面建筑围合，这种广场围合感较强，多可兼作公共集会的场所（图 4-1-3a）。

2. 三面围合

广场一面开敞，这种广场多为一面临街、水，或有较好的景观，人们在广场上视野较为开阔，景观效果较好（图 4-1-3b）。

3. 两面围合

广场两面开敞，这种广场多为两面临街、水，或有较好的景观，人们在广场上视野更为开阔，景观效果更好（图 4-1-3c）。

4. 三面开敞

广场三面开敞，这种广场一般多用于较大型的市民广场、中心广场，广场一侧有作为视觉底景的建筑，周围环境中的山、水等要素与广场相互渗透、相互融合，形成完整的景观（图 4-1-3d）。

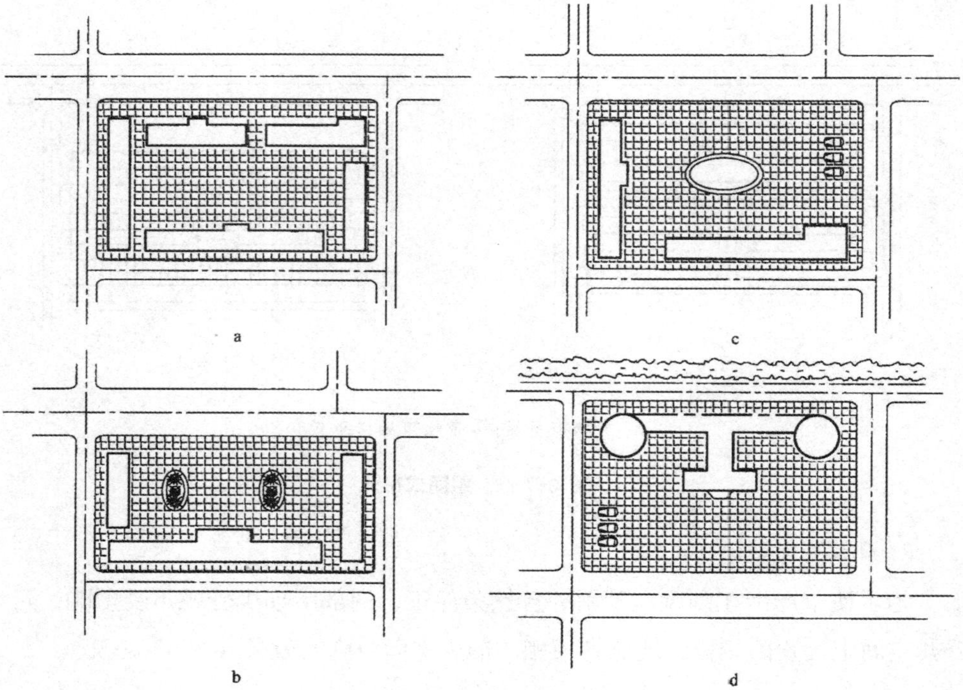

图 4-1-3　广场式布置

a. 四面围合；b. 三面围合；c 两面围合；d 三面开敞

第二节　现代城镇广场规划设计

城镇广场设置的根本原因是城镇的功能需求，旨在为人们提供一个活动空间，同时也充当车辆和行人交通的重要枢纽。在城市道路系统中，广场具有重要地位，也是城市政治、经济和文化活动的主要场所。通常在广场上有许多关键性的建筑和设施，以展现城镇的特色和文化。

广场不仅是城镇中不可缺少的有机组成部分，还是城镇具有标志性的主要公共空间载体，素有“城镇客厅”的美誉。

一、城镇广场设计基本原理

城镇广场设计应该根据城市的现状、规模和用地规划展开进行，结合自然地理条件、环境保护、景观布局、地面水排放、管线布置等多方面因素来考虑，同时还需要注意与主干道的关系相协调。要设计出兼具功能和艺术性的优秀广场，需要考虑以下几个因素：首先，整体布局必须合理。其次，构思和创意要具有独特性；更充分考虑广场功能，还要达到风格的和谐；艺术处理要有特色。最后，必须提供完善的配套设施。总之，城镇广场的设计原则主要体现在以下几个方面。

（一）广场的功能

广场的功能是首要考虑的因素，广场的首要建设目标是可以容纳更多的人，从多个角度参与其中；另一个重要功能是提供丰富、层次多样的居民选择。此外，还要有丰富的文化背景，这样可以让参与者在活动中感受文化的影响力，同时也能让他们更深入地认识和理解文化的重要性。只有人们全身心地投入城镇广场规划设计中，才能激发城镇活力。因此，在进行广场规划设计时，需要仔细研究广场的功能，做到合理的分区和定位。

（二）广场的总体布局

广场的整体规划也就是总体布局涵盖了所有组成部分的整体安排，其目的是确保每个组成部分都能得到适当的安置和有机联系，使广场在功能、经济和艺术上更加和谐统一。城镇广场规划设计者需要综合考虑城镇总体规划、自然地理条件、经济状况、未来发展趋势以及民族传统习俗等因素，来规划广场总体布局。在这个过程中，一定要避免生搬硬套或过分追求某些形式，以避免形式主义的出现。

（三）广场的构思

怎样把境与意有机地融合在一起构建出一个完美的广场呢？首先，需要考虑广场可能受到周围什么样的环境影响；其次，需要设想广场有什么样的特点。根据当地地形的起伏度和水体、其他环境中独特且有优势的元素精心设计广场，以营造多姿多彩的环境。

（四）广场的特色

广场是否有自己的特色决定了广场的设计是否成功，这是对于广场价值的重要衡量标准。特色指的是要展现事物具有的时代特征、体现其民族文化特色和地方文化特征。特色就是个性的表现，具备独一无二的形态和形式。

地区文化是由地区自然环境和社会经济发展的影响而形成的，是长时间的沉淀，表现在物质和文化（这里特指人文）方面。吸收地区文化，需要不断进行创新，并不是照搬照抄其他优秀成果，这种创新需要持续的思考和探索，以整体的视角审视并适度传承，做到自觉地创造。广场是展现时代特征的重要场所，因此在设计的时候应当融合时代的人文精神和风貌，将新技术、新工艺、新材料、新结构等融入其中，以全面展现新时代的精神气象。

二、城镇广场空间环境分析

（一）广场的规模与比例尺度

广场的规模与比例可根据其不同的功能性质和在城镇中的地位进行调整和确定。广场的类型主要取决于人们在广场上的流动和停留情况，然后确定到底是集会广场还是商业广场或者休闲广场。例如，交通类广场必然将关注点放在交通流量和交通组成上，还要看周边道路属性。除此之外，广场还需提供相关的附属设施和场地，如停车场、绿化、公共设施等，同时还需要考虑自然条件和广场艺术空间的规模比例要求。整体来说，广场的规模要综合考虑城市未来的发展，规模要适度，不能贪大求洋、盲目攀比，广场规模或面积应该因地制宜，避免浪费宝贵的土地资源。

广场的比例尺度涵盖了多个方面，其中包括但不限于地形地貌和周围环境的比例关系、广场用地形状和各边长的尺寸比例，广场面积和建筑物体量的比例，以及广场内各个组成部分之间的尺寸比例。广场的规模确定基础要看其功能及人们的活动需求。在较大的广场中，组成部分的尺寸比例应该相应加大；而在小广场中，组成部分的尺寸比例则宜更为精巧。为了满足人类的活动需求，踏步、石阶和人行道的宽度应当控制在较小的规模范围内。车行道和停车场的尺寸比例应该考虑人员和交通工具的尺度，确保适当的空间布局。

（二）广场上建筑物的布置

广场的组成要素之一是建筑物，这些主要建筑物、附属建筑物和其他设施巧妙地组合在一起，形成了广场的核心。主要建筑物所承担的功能也就代表着广场是一个什么性质的广场。因此，在广场规划设计中，主要建筑物的布置情况至关重要。常见的主要建筑物布置形式有以下几种。

1. 主要建筑物布置在广场中心

当主要建筑物位于广场的中心位置时，广场的主要观赏面包括它的四个方向。如果周围都是主干车道，那么这种布局方式并不适合。

2. 主要建筑物布置在广场周边

一些主要建筑物可以在广场周围的不同位置进行布置，包括一侧、相邻两侧、对称两侧、三侧或四周边。一般来说，主立面应朝向主入口方向。广场周围若是建筑物少，那么广场的视野会更宽阔，特别是当广场旁边有湖泊等水资源景观的时候，更能增加开阔感；如果广场靠近青山，就更显得幽静宜人。随着广场周围建筑物的增多，广场的封闭感也会增强。将尺度设置得大小合适，会给人带来温馨和安全感，但太小则会让人感到拘束和压抑。

（三）广场的交通组织

在广场周围、建筑物之间通过道路有机联系起来。为了确保车辆通行顺畅，行人安全及便于管理，必须对交通进行组织和规划。在广场设计中，需要解决的首要问题是如何充分利用道路交通组织，并避免交通的干扰，使广场与交通脱离开来。

（四）广场上设施的布置

广场的重要组成部分还包括照明、音响和给排水等配套设施。广场设施的状况良好能够有效地保证各项功能的正常运转。此外，广场上的照明设备如灯柱、灯具及灯光，也是广场景观中不可或缺的元素。

三、城镇广场空间环境要素设计

绿化、设施、色彩、水体和铺装等要素均是城镇广场的空间环境设计要素。

（一）绿化

广场的绿化十分关键，是广场设计中至关重要的组成部分，也是广场设计的主要辅助手段。通过绿化，可以调控空气的温度、湿度和流向。它能够进行二氧化碳吸收、氧气释放的生物功能，有效遮挡和过滤灰尘，减少噪声。绿化还可以用来分隔和引导空间，从而创造出多样化的活动区域，通过绿化分区，建立不同的活动功能区。在景观建造中，需要选用合适的观赏植物，包括观叶、观花、观果等，如果需要，还要定期对其进行修剪。通过巧妙的植物组合，形成自然或几何图案的多层次绿化系统，与广场上的建筑物形成和谐的整体。植物在不同的季节会呈现出不同的面貌，这形成了广场多样化的景象，让人们感受到了丰富多彩、生动宜人的景色。

1. 广场草坪

作为广场绿化设计中最常见的组成部分，草坪通常被布局在广场的辅助性空地上，人们可以对草坪进行观赏，也可以在此娱乐。广场上的草坪区域视野广阔，还可以形成对行人的引导作用，同时可以增加景深和立体感、层次感，更好地彰显广场的美感。

2. 广场树木

在广场中种植树木的主要作用是分隔和引导人流。如果选用较高大的树木，分隔和引导的效果会更好。但如果树木的大小不合理，反而会使广场给人一种封闭的感觉。

3. 广场花坛与花池

通过巧妙的造型设计，在广场上合适的位置合理布局花坛和花池可以为广场的平面和立面增添丰富多彩的元素，从而有效地丰富广场的景观氛围。此外，还可以利用植物在花坛上创造主题图案或文字，起到独具匠心的装饰作用。

4. 广场花架

在小型休闲广场的边缘搭建花架，可以为人们提供一个休息、遮阴的地方，夏天人们也可以在这里纳凉，会广受欢迎。此外，花架还可以通过连接空间来改变空间的布局和形态。

（二）设施

在广场中设置的设施被专业人士称为建筑小品，它们在广场的使用功能中扮演着重要的角色。只有设施设置合理，才能更好地发挥广场的使用效果以及其所呈现的艺术风格和形式。在广场上，我们会看到许多设施，如休息用的长椅、提供照明的街灯、矗立的时钟、展示艺术品的画廊、栩栩如生的雕塑、各类旗帜，以及方便人们丢垃圾的垃圾箱、指引方向的指示牌，还有保护安全的护栏护柱等。这些设施不仅能够向人们提供直接的服务，同时也能营造出良好的环境氛围，起到点缀、渲染、烘托等作用。设施的布局如果十分巧妙，还可以起到点题入镜的功能。

在广场设施的设计中，应该考虑到设施的位置、体量、尺寸、造型、材料、颜色和韵律等多个方面。设计师应该重点突出这些要素的和谐统一性，并与广场整体协调一致，同时避免出现任何不必要的杂乱布局或过度装点。

（三）色彩

在广场设计中，色彩是最容易营造氛围和表达情感的要素。通过运用色彩，广场的造型可以更具表现力，也更加丰富多彩，同时还能够加强整个广场的视觉统一性，从而完善广场的造型效果和空间形态效果。

针对广场的色彩设计，合理搭配众多的颜色元素是至关重要的。广场色彩设计的影响因素有很多，包括但不限于广场的使用性质、风格、类型及规模等。比较大的广场适合采用明度高、彩度低的色彩，而彩度可以稍高一些的使用对象更加适合规模较小的广场，在布局的时候可以多采用一些明亮的暖色，这可以使广场营造出明快的感觉。要充分利用广场建筑材料表面的原色、质感以及热工性能对其色彩设计的影响。这可以通过充分利用表面材料的本色和纹理，同时也可以利用材料表面形成的反射光和阴影等因素，来改变其色彩的亮度和饱和度，这是因为建筑广场所用的材料又分为光面和毛面等，形成不同的反射光效果。另外，地域气候的特点也会影响广场色彩设计，还有环境对广场色彩设计也会产生影响。最后，一般建筑材料及地方性建筑材料在广场色彩设计中也能起到一定的作用。

若设计不当，广场便会显得颜色杂乱、无序混杂，失去了原有的艺术美感，严重的话可能对广场的使用功能产生影响。

（四）水体

水是一种不可或缺的自然资源，它是维持生命的关键。水的存在使得广场更加充满生气和活力，并且增添了一份浪漫和艺术氛围。水与建筑物、设施等形成对比，既有平静的表现，又有流动、喷发、跌落等生动形态，丰富了景观的层次感。水可起到净化空气的作用，因为它能够吸附空气中的灰尘并增加湿度，同时还能够降低环境温度。水有助于陶冶人的情感和愉悦心灵。

广场水景的设计包括四个主要方面：静态水景设计、流动水景设计、落水设计及喷水设计。在设计广场的水体时，需要明确水体在广场中的重要性和作用，因为不同类型的水体会带来不同的效果。如果水面没有流动，也就是静水，它会呈现出比较平缓的状态，同时也会形成镜面反射的效果，映射出美丽的倒影，增强空间的层次感和深度。广场上的流动水也很多，形式包括流水、落水和喷水，为广场注入了活力和生气。尤其是喷水的存在，让广场的层次感更为丰富，同时营造了生动活泼的气氛。

（五）铺装

广场地面的铺装会给人留下深刻的印象，并且可以用来区分、标识和引导行人。运用图案的处理方法可以营造出尺度感，而水平排列的图案会让人感到更加紧凑、含蓄且内敛，而垂直排列的图案则会让人感到更加张扬、扩展。通过图案的处理，将广场设施、绿化和建筑物融为一体，形成一个具有整体美感的广场设计。在铺设广场地面图案时，主要有以下图案处理方式。

1. 图案整体设计

采用整体设计的方法可以统一广场铺地图案的各种元素，从而使广场整体具有空间感。通过采用这种设计方法，对于那些仅具有单一功能的广场来说，效果更佳。

2. 图案分区设计

为了让多功能广场更加实用，我们可以设计不同的铺地图案、采用不同的材料或色彩来分区或者分块铺装，以此来代表不同的功能区域。这样可以让广场更加易于辨认和使用。当广场与道路相连时，铺设鲜明的地面标志可以使广场与道路之间的分界更清晰。

第五章　现代城镇居住区规划设计

城镇居住区泛指不同居住人口规模的居住生活聚居地，特指被城市干道或自然分界线所围合、配建有较完善的公共服务设施的居住生活聚居地。居住区是城镇的有机组成部分，是城镇规划中的一个重要方面，它包含了城镇居民的居住、教育、交往、购物、休憩、健身、娱乐等生活内容，设有与这些生活内容相关的各种设施。居住区的建设水平是城镇居民生活水平的一个主要标志，也直接影响着整个城镇的形象和环境质量。

居住区由物质与精神双重要素构成：物质要素包括地形、地质、水文、气象等自然因素和各类建筑物、工程设施等人工因素；精神要素包括人口结构，居民的行为、素质、心理等人的因素和社会的制度、法规、技术、文化等社会因素。

在居住区，用地组成要素包括住宅、公共服务设施、道路以及公共绿地等用地。住宅用地是指划定范围内建设住宅建筑基底及其四周合理间距内的用地，宅间的绿化用地和中间小路等也属于住宅用地。公共服务设施用地是针对居民需求而规划的用地，这部分包括建筑物的基底占地及其所属场院、绿地和停车场等，旨在提供公共服务和方便居民的使用。另外，这种用地也被称为公建用地。道路用地指居住区道路、小区路、组团路及非公建配建的居民汽车地面停放场地。公共绿地指能满足规定的日照要求，适合于安排游憩活动设施的、供居民共享的集中绿地，其中包括居住区公园、小游园、组团绿地及其他块状、带状绿地等。居住区内的工业及其他与居住区关系不大的用地、不可建设用地，一般不计入居住区用地，不参加居住区用地平衡计算。

本章主要讲述了现代居住区规划设计任务与要求、现代居住区道路规划设计、现代居住区景观与环境规划设计、现代居住区公共服务设施规划设计几个方面的内容。

第一节 现代居住区规划设计任务与要求

一、居住区规划设计的基本任务和编制内容

居住区规划设计的基本任务是在符合城市总体规划的前提下，按照统一规划、合理布局、因地制宜、综合开发、配套建设的原则，结合所在地的特点和规划用地周围的环境条件，充分利用地形、植被、道路和原有建筑等资源，并考虑日照、采光、通风、防灾和日常管理的要求，创造一个安全、卫生、便利、舒适和美观的住宅生活环境，实现社会、经济和环境的统一和可持续的发展目标。

居住区规划的编制内容有以下几个方面：①根据城镇总体规划的要求确定规划地块的人口数量和户数；②根据人口数量的要求拟定居住建筑的类型、数量、层数和布置方式；③根据居住区的规模拟定公共服务设施的内容、规模、数量、层次、分布和布置方式；④拟定各级道路的线形、宽度、断面形式，确定居住区对外出入口的位置；⑤拟定居住区停车场、库的位置、数量和停车泊位；⑥拟定不同层次的绿地和室外活动场地的数量、规模和位置；⑦拟订市政工程设施的规划方案；⑧计算各项技术经济指标，对投资进行估算。

以上内容可以通过现状分析图、规划总平面图、竖向规划设计图、管线工程规划图、规划鸟瞰图和单体建筑方案图等图纸表现出来，经济技术指标和投资估算编入设计说明书。

二、居住区规划设计的基本要求

（一）安全要求

安全要求是人的居住生活中最重要也是最基本的要求，正所谓安居才能乐业。在现实生活中，不安全因素来自自然和人为两个方面，前者包括地震、洪水、台风、雷电袭击等，后者包括抢劫、盗窃、空袭、恐怖袭击、车祸、人为火灾等，规划中要针对上述情况进行分析，参照有关规范，结合实际，做好各种防护工作。在防患于未然的同时，尽可能降低各种灾害所造成的损失，保证灾害发生时救援与自救工作的顺利进行。如按防火要求设置消防通道，按防空要求设置人防工程，

按防洪要求设置避难场所、逃生路线，按交通安全要求设置人车分流的道路系统等。建筑布局时还要注意便于物业管理和保安人员巡查，在保证日常生活的正常运转和非常情况下应变能力的同时，还应注意满足人们居住生活中对领域感、归属感和私密感等方面的要求，也就是心理和精神层面上对安全的需求。

（二）卫生要求

整洁、安全的居住环境是文明社会的标志。随着人们生活水平的提高，对生活中的卫生条件提出了更高的要求。在居住区规划中要做到远离污染源，运用各种手段对来自周边的噪声、粉尘污染进行隔离和遮挡，在采暖地区实行集中供暖。要采用切实可行的技术措施，对生活中产生的废水、垃圾进行有效的处理，减少蚊蝇滋生地，提高防疫能力。在建筑布局方面要争取良好的日照和自然采光通风条件，创造令人满意的卫生环境。

（三）使用要求

方便的生活居住环境是居民生活质量的重要保证，体现在很多方面，如便捷的交通联系，人车互不干扰的道路系统，完善、分布合理的公共设施和供人们休憩、交往的场地，充足的车辆停放泊位以及为老年人、残疾人提供的各种活动设施等。使用要求关系到整个居住区的每户人家，在规划中应引起足够的重视。

（四）美观要求

优美的环境使居民赏心悦目、精神愉快，给人以美的享受，也使人的情操得到陶冶，居住区在城市中属于大批量建设的项目，居住区的环境直接影响着城市形象。居住区建筑布局要做到统一与变化相结合，在统一中求变化，在变化中求统一，创造亲切优美的空间环境。建筑的形式要有特色，建筑的色彩要协调，建筑的品位要高雅，建筑的风格要富于时代感。规划中要运用美学原理妥善处理建筑单体之间、单体与群体之间、群体与环境之间的关系，建设环境优美的居住区。

（五）经济技术要求

居住区建设要与国民经济发展水平和居民生活水平相适应。由于居住区建设量大，如果得不到合理的控制，将会造成土地和建设资金的浪费，因此，《城市居住区规划设计规范》（GB 50180—2018）中，对居住区规划设计、居住区配套设施的规模等诸多指标做了相应的规定，规划应符合这些要求。为便于对规划进行评价和调控，要求列出相关的经济技术指标。

1．相关技术指标

（1）城市居住区

城市中住房建筑相对集中布局的地区，简称居住区。

（2）十五分钟生活圈居住区

以居民步行十五分钟可满足其物质与生活文化需求为原则划分的居住区范围；一般由城市干路、支路或用地边界线所围合，居住人口规模为 50000 人—100000 人（约 17000 套—32000 套住房），配套设施完善的地区。

（3）十分钟生活圈居住区

以居民步行十分钟可满足其基本物质与生活文化需求为原则划分的居住区范围；一般由城市干路、支路或用地边界线所围合，居住人口规模为 15000 人—25000 人（约 5000 套—8000 套住房），配套设施齐全的地区。

（4）五分钟生活圈居住区

以居民步行五分钟可满足其基本生活需求为原则划分的居住区范围；一般由支路及以上级城市道路或用地边界线所围合，居住人口规模为 5000 人—12000 人（约 1500 套—4000 套住房），配建社区服务设施的地区。

（5）居住街坊

支路等城市道路或用地边界线围合的住房用地，是住房建筑组合形成的居住基本单元；居住人口规模在 1000 人—3000 人（约 300 套—1000 套住房，用地面积 2 hm^2—4 hm^2），并配建有便民服务设施。

（6）居住区用地

城市居住区的住房用地、配套设施用地、公共绿地以及城市道路用地的总称。

（7）公共绿地

为居住区配套建设、可供居民游憩或开展体育活动的公园绿地。

（8）住房建筑平均层数

一定用地范围内，住房建筑总面积与住房建筑基底总面积的比值所得的层数。

（9）配套设施

对应居住区分级配套规划建设，并与居住人口规模或住房建筑面积规模相匹配的生活服务设施；主要包括基层公共管理与公共服务设施、商业服务业设施、市政公用设施、交通场站及社区服务设施、便民服务设施。

（10）社区服务设施

五分钟生活圈居住区内，对应居住人口规模配套建设的生活服务设施，主要包括托幼、社区服务及文体活动、卫生服务、铭助残商业服务等设施。

（11）便民服务设施

居住街坊内住房建筑配套建设的基本生活服务设施，主要包括物业管理、便利店、活动场地、生活垃圾收集点、停车场（库）等设施。

居住区按照居民在合理的步行距离内满足基本生活需求的原则，可分为十五分钟生活圈居住区、十分钟生活圈居住区、五分钟生活圈居住区及居住街坊四级，分级控制规模应符合表 5−1−1 的规定。

表 5-1-1　居住区分级控制规模

距离与规模	十五分钟生活圈居住区	十分钟生活圈居住区	五分钟生活圈居住区	居住街坊
步行距离（m）	800—1000	500	300	—
居住人口（人）	50000—100000	15000—25000	5000—12000	1000—3000
住宅数量（套）	17000—32000	5000—8000	1500—4000	300—1000

居住区综合技术指标应符合表 5−1−2 的要求。

表 5-1-2　居住区综合技术指标

<table>
<tr><th colspan="4">项目</th><th>计量单位</th><th>数值</th><th>所占比例（%）</th><th>人均面积指标（m²/人）</th></tr>
<tr><td rowspan="9">各级生活圈居住区指标</td><td rowspan="6">居住区用地</td><td colspan="2">总用地面积</td><td>hm²</td><td>▲</td><td>100</td><td>▲</td></tr>
<tr><td rowspan="5">其中</td><td>住宅用地</td><td>hm²</td><td>▲</td><td>▲</td><td>▲</td></tr>
<tr><td>配套设施用地</td><td>hm²</td><td>▲</td><td>▲</td><td>▲</td></tr>
<tr><td>公共绿地</td><td>hm²</td><td>▲</td><td>▲</td><td>▲</td></tr>
<tr><td>城市道路用地</td><td>hm²</td><td>▲</td><td>▲</td><td>—</td></tr>
<tr></tr>
<tr><td colspan="3">居住总人口</td><td>人</td><td>▲</td><td>—</td><td>—</td></tr>
<tr><td colspan="3">居住总套（户）数</td><td>套</td><td>▲</td><td>—</td><td>—</td></tr>
<tr><td colspan="3">住宅建筑总面积</td><td>万 m²</td><td>▲</td><td>—</td><td>—</td></tr>
</table>

续表

项目				计量单位	数值	所占比例（%）	人均面积指标（m²/ 人）
居住街坊指标	用地面积			hm^2	▲	—	▲
	容积率			—	▲	—	—
	地上建筑面积	总建筑面积		万 m^2	▲	100	—
		其中	住宅建筑	万 m^2	▲	▲	—
			便民服务设施	万 m^2	▲	▲	—
	地下总建筑面积			万 m^2	▲	▲	—
	绿地率			%	▲	—	—
	集中绿地面积			m^2	▲	—	▲
	住宅套（户）数			套	▲	—	—
	住宅套均面积			套 /m^2	▲	—	—
	居住人数			人	▲	—	—
	住宅建筑密度			%	▲	—	—
	住宅建筑平均层数			层	▲	—	—
	住宅建筑高度控制最大值			m	▲	—	—
	停车位	总停车位		辆	▲	—	—
		其中	地上停车位	辆	▲	—	—
			地下停车位	辆	▲	—	—
	地面停车位			辆	▲		

2. 主要规定

（1）居住区用地面积应包括住房用地、配套设施用地、公共绿地和城市道路用地，其计算方法应符合下列规定：

①居住区范围内与居住功能不相关的其他用地以及本居住区配套设施以外的其他公共服务设施用地，不应计入居住区用地；

②当周界为自然分界线时，居住区用地范围应算至用地边界。

③当周界为城市快速路或高速路时，居住区用地边界应算至道路红线或其防

护绿地边界。快速路或高速路及其防护绿地不应计入居住区用地。

④当周界为城市干路或支路时，各级生活圈的居住区用地范围应算至道路中心线。

⑤居住街坊用地范围应算至周界道路红线，胚含城市道路。

⑥当与其他用地相邻时，居住区用地范围应算至用地边界。

⑦当住房用地与配套设施（不含便民服务设施）用地混合时，期地面积应按住房和配套设施的地上建筑面积占该幢建筑总建筑面积的比率分摊计算，并应分别计入住房用地和配套设施用地。

（2）居住区规划设计应坚持以人为本的基本原则，遵循适用、经济、绿色、美观的建筑方针，应符合下列规定：

①应符合城市总体规划及控制性详细规划；

②应符合所在地气候特点与环境条件、经济社会发展水平和文化习俗；

③应遵循统一规划、合理布局，节约土地、因地制宜，配套建设、综合开发的原则；

④为老年人儿童、残疾人的生活和社会活动提供便利的条件和场所；

⑤应延续城市的历史文脉、保护历史文化遗产与传统风貌相协调；

⑥应采用低影响开发的建设方式，采取有效措施促进雨水的自然积存、自然渗透与自然净化；

⑦应符合城市设计对公共空间、建筑群体、园林景观、市政等环境设施的有关控制要求。

（3）居住街坊内绿地面积的计算方法应符合下列规定：

①满足当地植树绿化覆土要求的屋顶绿地可计入绿地。绿地面积计算方法应符合所在城市绿地管理的有关规定。

②当绿地边界与城市道路临接时，应算至道路红线；当与居住街坊附属道路临接时，应算至路面边缘；当与建筑物临接时，应算至距房屋墙脚 1.0 m 处；与围墙、院墙临接时，应算至墙脚。

③当集中绿地与城市道路临接时，应算至道路红线；当与居住街坊附属道路临接时，应算至距路面边缘 1.0 m 处；当与建筑物临接时，应算至距房屋墙脚 1.5 m 处。

三、居住区建筑的规划布置

居住区的建筑由住宅建筑、公共服务设施及景观环境小品组成，规划中应注意这些建筑之间的关系以及它们与周边环境、路网结构的关系，使之构成一个完善、有机的整体；设置与居住人口相适应的公共活动中心，为居民提供良好的社会化服务；组织好人流、车流和车辆的停放，创造安全、安静、方便的居住环境。

（一）居住区规划结构与建筑布置

我国的《城市居住区规划设计规范》(GB 50180—2018) 以人口和户数为依据，将居住区体制结构划分为居住区级（30 000～50 000 人，10 000～16 000 户）、居住小区级（10 000～15 000 人，3 000～5 000 户）、居住组团级（1 000～3 000 人，300～1 000 户）三个层次，这一划分是在对我国居住现状调查研究的基础上，参考国外经验，综合考虑行政管理、配套建设、人际交往等多方面因素确定的。其中，居住区被城市干道或自然分界线所围合，居住小区被城市道路、居住区道路或自然分界线所围合，居住组团被小区道路所分隔。三者的公共服务设施种类、数量、规模与各自的服务人口相对应。居住区的体制结构因城市规模、基地条件及管理方式的不同，可以有居住区—小区—组团、居住区—组团、小区—组团及独立式组团多种类型。类型的不同反映了不同的组织方式和管理方式，建筑布局最好与这些类型相适应，体现不同类型的特点，创造出丰富的布置方式。

（二）居住区建筑的布置形式

1. 组团式布置

组团式布置结合居住区体系结构的类型，以组团为基本单位，组团内设公共绿地和与组团相配套的基层公共设施，满足组团内住户的基本生活需求，在此基础上，可以将组团与小区衔接，也可将组团与居住区或城镇相衔接。这种布置与组织管理方式相协调，便于人际交流和管理，是近年来常见的一种布置方式。

2. 轴线式布置

轴线的引导和控制常作为形成一个建筑群并使其达到和谐统一的重要手段，轴线在空间形态上要通过道路、绿带、水系等体现出来，为了向观众暗示出轴线的存在，常通过绿化小品的配置、地面的材质、色彩和图案变化使轴线得到强化。轴线有对称和不对称两种形式：对称的轴线布置显示出严谨、庄重的性格特征，具有较强的方向感和秩序感，适用于较为规则的地形；不对称的轴线布置较为自由和灵活，整个建筑群富于变化，适用于各种不同的地形。轴线常有主次之分，通过主轴线引导出次轴线，使建筑物的布置在不同方向得到延伸。主次轴线相交处可以通过绿化、雕塑、小品等进行处理和强调。

3. 自由式布置

自由式布置自由、灵活、曲折多变，大大增加了景观的层次和趣味性，在山地、丘陵、河泽地区，为了减少对自然环境的破坏，利用和结合自然地形，将建筑物顺应地形等高线、河泽边界线布置，可以较好地保护自然地形，减少土石方工程量，但有时顺应地形容易使部分房间朝向处于不利的位置。

4. 集约式布置

集约式布置大都建于经济较发达的大城市，为了提高土地的使用效益，将住宅和公共配套设施集中布置，并向空中和地下发展，实现地面、空中、地下的立体开发，集居住、商业服务、停车、绿化美化于一体，在较小的地块内容纳大量的居民，这种布置大都是高层建筑。

第二节　现代居住区道路规划设计

一、道路的功能与分级

（一）道路的功能

1. 日常公众交通

日常公众交通流量最大，是居住区道路的主要功能，包括步行、自行车和小汽车交通，规模较大的居住区还有公交车辆通行。

2. 供应与保障交通

为居住区供应货物及提供保障所需的交通，大部分是机动车辆，如货物的运输、垃圾的清运、管道的清理、设备设施的维修等。

3. 特殊情况交通

当居住区内发生火警、匪警或紧急救护等情况时的交通，一般以机动车辆为主。

4. 铺设工程管线

随着社会的进步，人们生活的现代化水平不断提高，工程管线的种类也在增加，管线大都沿路铺设，所以道路也是管线的走廊。

5. 空间构图要素

道路在空间构图中起到骨架的作用，联系不同的室外空间和环境，维护构图的统一。

（二）道路的分级

居住区的道路可以分为三级或四级。

1. 居住区级道路

居住区级道路是整个居住区的主干道，在大城市与城市支路属同一层次，在中小城市与城市次干道相同，用以解决居住区内外的交通联系，道路红线宽度20～30 m，宽度范围内应考虑机动车、非机动车和人行道，一般在人行道上设绿地和行道树，机动车和非机动车可采用混行方式，车道宽不小于9 m，如有公交通行时，应增宽至10～14 m。断面形式如图5-2-1所示。

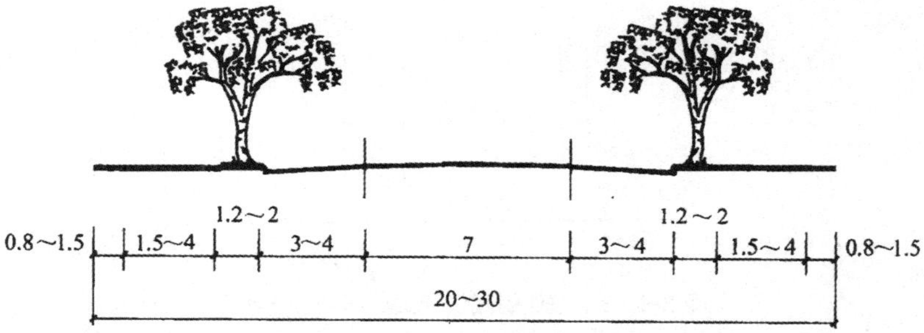

图 5-2-1 居住区级道路一般断面（m）

2. 居住小区级道路

居住小区级道路是居住区的次干道，用以解决居住区内部的交通联系，不允许公交车辆进入，道路红线宽度需敷设供热管线的不宜小于14 m，无供热管线的不宜小于10 m，路面宽6～8 m。断面形式如图5-2-2所示。

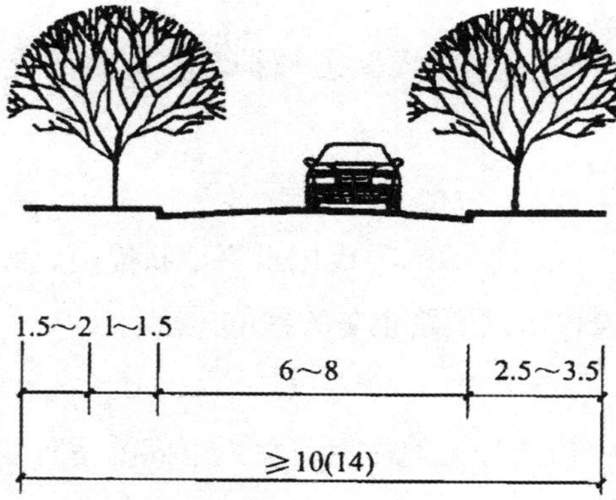

图 5-2-2　居住小区级道路一般断面（m）

3. 居住组团级道路

居住组团级道路是居住区的支路，用以解决住宅组团之间的内外联系，路面人车混行，宽度 3～5 m，其两侧建筑的控制宽度需敷设供热管线的不宜小于 10 m，无供热管线的不宜小于 8 m。断面形式如图 5–2–3 所示。

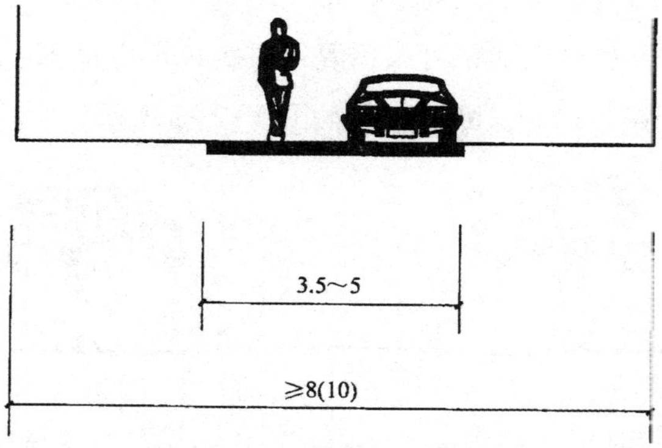

图 5-2-3　居住组团级道路一般断面（m）

4. 宅间小路

宅间小路是通向各户或各单元门前的小路，主要是自行车和人的交通，也要兼顾搬运家具或救护的要求，宽度 2.5～3 m，宅间小路在统计时不计入道路用地。

在多雪地区，应考虑堆积清扫道路积雪的面积，道路宽度可酌情放宽，但应符合当地城市规划行政主管部门的有关规定。

二、道路规划布置的基本要求

（一）功能要求

根据地形、气候、用地规模、周边环境、城市交通系统和居民的出行方式，明确道路层次，选择合适的道路系统和断面形式，满足不同交通方式出行的要求，保证各部分之间联系方便、快捷，便于居民的出行，避免往返迂回。

（二）安全与防护要求

小区内应避免过境车辆穿行，减少居住区对外出入口，道路要做到通而不畅，当有公交线路引入居住区道路时，应采用各种措施减少交通噪声对居民的干扰。在内部交通组织中，既要保证行人安全，又要保证行车顺畅，应避免过长的直线型道路，较宽的道路要设置人行道，还可采用人车分流的交通系统。

（三）建筑和管线布置的要求

道路网的布置应和建筑的布置相结合，利用道路连接和划分不同的功能分区，为建筑布置的多样化创造条件，以便于建筑群整体效果的形成。路网的布置在很大程度上决定着地下管网的布置，要在路网设计时综合考虑市政管线的布置，尽可能简化管线结构，缩短管线长度，节约一次性投资，便于日常维护。

（四）防灾与救灾要求

路网布置要结合防灾、救灾等紧急情况，综合考虑救护、人员疏散和消防、抢险、救护车辆的通行，在抗震设防的城市要保证一定的避难场所和疏散通道，使其不受房屋倒塌的影响。

（五）满足有关的技术要求

道路布置中有一些设计应满足的技术要求如下：

（1）小区主路至少具备两个出入口，同时主路中至少有两条应与外围道路相接。

（2）机动车道对外出入口间距不应小于 150 m。沿街建筑物长度超过 150 m 时，应设宽 × 高不小于 4 m × 4 m 的消防车道。人行出入口间距不宜超过 80 m。当建筑物长度超过 80 m 时，应在底层加设人行通道。

（3）当居住区内道路发生与外部城市道路相接的情况时，应注意交角不小于 75°。同时，当居住区内部道路较陡时，应注意在出入口处设置缓冲路段，将此段与外围城市道路相接。

（4）居住区内道路纵坡控制如下：①机动车道控制在 0.2%～8.0% 之间，长度不大于 200 m，多雪严寒地区不大于 5.0%，长度不大于 600 m；②非机动车道控制在 0.2%～3.0% 之间，长度不大于 50 m，多雪严寒地区不大于 2.0%，长度不大于 100 m；③步行道控制在 0.2%～8.0% 之间，多雪严寒地区不大于 4.0%；④机动车与非机动车混行的道路，其纵坡宜按非机动车道要求，或分段按非机动车道要求控制；⑤居住区内用地坡度大于 8% 时，应辅以踏步解决竖向交通，并宜在梯步旁附设推行自行车的坡道。

（5）居住区内尽端式道路长度不宜大于 120 m，当大于 35 m 时应设置不小于 12 m × 12 m 的回车场。

（6）在居住区公共活动中心，应设置残疾人通行的无障碍通道，通行轮椅车的坡道宽度不应小于 2.5 m，纵坡不应大于 2.5%。

（7）居住区内道路边缘至建筑物、构筑物的最小距离应符合表 5-2-1 的要求。

表 5-2-1　居住区道路边缘至建筑物、构建物最小距离（m）[①]

与建、构筑物关系		城市道路	附属道路
建筑物面向道路	无出入口	3.0	2.0
	有出入口	5.0	2.5
建筑物山墙面向道路		2.0	1.5
围墙面向道路		1.5	1.5

注：道路边缘对于城市道路是指道路红线；附属道路分两种情况：道路断面设有人行道时，指人行道的外边线；道路断面未设人行道时，指路面边线。

① 个人图书馆．城市居住区规划设计标准GB 50180—2018[R/OL].（2020-05-02）[2023-02-05].http：//www.360doc.com/content/20/0502/02/18334519_909707846.shtml.

三、道路系统的基本形式

居住区道路系统的布置有三种基本形式，分别是贯穿式、环通式、尽端式，在设计中可以将这些形式结合使用，使路网适用于不同地形、不同对象、不同规划结构及景观要求等。

从人流和车流的组织角度来说，常见的有以下三种形式。

（一）人车混行的道路系统

采用这种方式时人和机动车辆在同一道路上运行，适用于机动车辆较少的居住区，道路使用效率高，联系方便，我国现已建成的居住区多采用这种形式。其缺点是人车相互干扰，机动车对行人安全构成威胁，为降低车速和提高驾驶人员注意力，设计时应避免过长的直路，还可以用限速设施减小车速。

（二）人车分流的道路系统

随着私人机动车辆的不断增加，人车之间相互干扰的问题日渐突出，人车分流的交通系统便应运而生，这种形式由车行和步行两套独立的道路系统组成，较好地解决了人与车的矛盾，在保证车辆行驶便利的同时，也保证了行人的安全，但道路的面积和投资也有相应的增加。

（三）人车部分分流的道路系统

采用这种方式时，根据实际需要，在有的路段实行人车合流，有的路段实行分流，布置较为灵活。

四、居住区静态交通布置

静态交通是指各类交通工具的存放，主要是自行车和汽车。近年来，私家车发展很快，与自行车相比，私家车占用的道路和场地要大得多，对居民生活造成一定的干扰，给居住区的布置带来较大的影响。

居住区汽车停放可采用地上、地下车库，建筑一层架空层或地面停车位等多种方式，有时也将住宅的一层直接设成车库。停车场、库的服务半径不宜大于150m，车位的布置数量随地区和生活水平的不同、生活习惯的不同有很大差异，其指标用停车率表示。停车率指居住区内居民汽车的停车位数量与居住户数的比率，《城市居住区规划设计标准》中规定地上停车位应优先考虑设置多层停车库或机械式停车设施，地面停车位数量不宜超过住房总套数的10%。这一标准是从全国范围来讲的，对于经济较发达的地区，这一标准明显偏低，因此很多地方根据当地的情况又制定了地方标准，规划时可参照执行。

地面停车率是指居民地面停车位数量与居住户数的比率。为保证环境质量和节约土地，《城市居住区规划设计标准》规定地面停车率不宜超过10%，超过10%时，其余部分可采用地下、半地下停车或多层停车楼等方式解决。由于近年来私人汽车发展较快，所以规划中还要给停车场、库留有一定的发展余地。

第三节　现代居住区景观与环境规划设计

随着生活水平的提高，人们对居住条件的要求提高，优美的居住环境已成为一种普遍的需求。我国住宅制度改革后，住宅也像其他商品一样，要应对市场的竞争，社区环境已日渐成为赢得竞争的重要因素，做好居住区的景观环境规划不仅可以提高社会效益和环境效益，还可以提高经济效益。过去那种盖完房、修完路再植上几棵树的做法已远远不能适应时代的需求，近年来住宅建设的实践表明，居住区景观与环境规划已作为整个居住区规划的一个重要组成部分贯穿始终，创造优美的居住环境成为买卖双方共同的需求。

一、居住区景观与环境规划的原则、要素和价值

（一）景观与环境规划的原则

在居住区景观与环境规划中，应遵循以下原则。

1．社会性原则

社会性原则是指赋予环境亲切宜人的艺术感召力，强调居住环境资源的均好性和共享性，创造宁静、祥和、温馨、安全的居家环境，通过美化生活环境，体现社区文化，促进人际交往和精神文明的建设，在环境建设中提倡公众参与设计、建设和管理。

2. 经济性原则

经济性原则是指顺应市场发展需求，结合当地的经济状况，提倡朴实、简约、实用，避免奢侈、浮躁、铺张，合理使用土地，节约能源和建材，积极采用实用技术，达到优良的性价比。

3. 生态的原则

生态的原则是指减少建设活动对植被的破坏，保护古树名木。遵从生态学规律，避免盲目地种植和引进各种植物，结合当地条件配置合理的植物体系，减少维护费用，节约灌溉用水，创造绿色环境，利于可持续发展。

4. 地域性原则

地域性原则是指体现所在地域的自然环境特征，因地制宜，突出当地特点，创造当地特色，避免照抄照搬外地设计。

5. 历史性原则

历史性原则是指保护历史建筑及景观，避免后期建设对其构成破坏，注意与历史环境的协调和统一，使过去和现在的景观达到有机的结合。

（二）景观与环境规划的要素

景观与环境规划的要素有以下三个方面。

1. 室外活动场地

室外活动是居住生活的一个组成部分，居住区内要结合层次的划分为人们提供面积充足、内容丰富的室外活动场地。按照人的活动规律，活动场地可由大至小分为公共的、半公共的、私密的等多种形式。在室外活动场地设计中应考虑动态活动与静态活动相结合，平面景观与立体景观相结合，开敞空间与半开敞空间相结合，硬质景观与软质景观相结合，娱乐设施的集中设置与分散设置相结合，适应不同年龄、不同层次人的户外活动。

2. 景观形象

好的景观形象可以令人赏心悦目，居住区的景观要考虑双重效果：一是住户在室内凭窗眺望的效果；二是人在室外活动、观赏时的效果。居住区建筑物布置时除考虑采光、通风、交通、消防等要求外，要最大限度地争取好的景观，建造丰富的景观层次。在这方面，中国古典园林的许多手法可以借鉴，如对于周边环境，要“嘉则收之，俗则屏之”，对于游览路线，要“步移景异”等，要在居住区布局中进行视线分析，注意各景点、各建筑物之间看与被看的效果，避免呆板单调。

3. 环境绿化

环境绿化要切实贯彻生态的原则，反对生态概念的商业化炒作，遵从生态的客观规律，结合当地情况合理地进行植物配置，维护物种的多样性。分析居住区朝向和主导风向，开辟居住区的通风道和生态走廊，使绿化不仅用于观赏，还能起到保护生态环境和改善小气候的作用。

（三）景观与环境规划的价值

景观与环境规划的价值通过以下要素体现出来。

1. 景观价值

优美的居住区景观为人们提供了接触自然、愉悦身心的场所，集休憩、娱乐于其中，使室内的活动得以延续，交往范围的扩大使生活更加丰富多彩。通过提供景观优美的交往场所，可以增进邻里之间的联系和友谊，创造和谐融洽的社区氛围。随着我国老龄化程度持续加深，老年人数量逐年增多，室外活动场所显得更加重要。

2. 生态价值

搞好居住区生态建设，不仅可以提高居住区本身的环境质量，还是整个社会生态建设的一个组成部分，小区的环境经过科学的设计和细心的维护，将使自然美和人工美更好地结合，也将更好地体现生态价值。

3. 经济价值

随着人们对环境要求日益提高，优美的居住区环境已成为一个新的、重要的卖点，对于开发商来说，其潜在的经济价值是不言而喻的。

二、居住区景观与环境规划设计方法

（一）居住区总体环境设计

居住区总体环境设计是从宏观的角度对居住区的景观环境进行控制，结合城市总体规划、分区规划及详细规划的要求，从场地基本条件、地形地貌、土质水文、气候条件、动植物生长状况和市政配套设施等方面入手进行分析，对整个居住区的空间形态进行谋划，寻求与周边环境的最佳融合，密切人与环境的关系，将实用性与观赏性相结合，从平面和空间两个方面入手，合理地安排景观层次，加强人性化设计，为人们提供足够的交往空间，使居住区整体的意境和风格达到和谐，创造宁静而有特色的居住氛围。

1. 建筑物的空间组织与设计

居住区内的建筑中，住宅占大多数，其次是公共建筑，由于使用性质不同，这两类建筑具有不同的外部特征，设计中应注意这一特点，表现出两者的差别，塑造不同的建筑性格，提高可识别性。

对于住宅建筑来说，特定的使用功能使其私密性较强，体形变化也不如公建丰富，设计得不好，容易造成呆板和单调，设计中应在统一的前提下，运用高度、方向、色彩、质感的对比和变化使其丰富起来。

居住区内住宅大量重复地出现，如果得不到合理的组织，就会显得杂乱而缺乏条理，若将其按某种规律进行布置，就形成了节奏感和韵律感。节奏和韵律在构图上是指形体有规律地重复和变化，既是保证建筑群体统一的手段，又使建筑物之间呈现一种规律美。一般来讲，节奏与韵律的重复不宜过多，否则将会造成单调和枯燥的后果。

在建筑物布置中，还应注意寻求和谐的比例关系，比例是指建筑物的整体与局部或局部之间的比较关系，在环境规划方面也可以指建筑体量、建筑与环境之间的比较关系。在环境规划中，处处都存在着比例关系，建筑单体要有和谐的比例关系才能保证其自身的优美，建筑群体之间只有比例得当，才能使环境的魅力充分展现。如在组织住宅楼之间的院落时，建筑之间的距离过近会使人感到压抑；距离过远又失去了领域感，使人感到空旷；如果将院落的进深控制在建筑高度的3倍左右，则可以使室外空间的比例较为和谐。此外，道路两侧的建筑之间也应注意比例关系，这一关系能为大多数人所感受到，因而显得尤为重要。

2. 道路系统及视线通廊的组织

景观效果应作为道路选线时考虑的一个重要内容，道路选线要充分考虑周边的自然景观和人文景观，利用借景和对景的手法将好的景色尽可能多地收入行人的视野。道路还应与规划地界内的景物相结合，当无景可借时，可以通过建造建筑小品，重新添景、组景，使之有景可观。一般认为，在小区内弯曲的道路比直线道路更具优势，不仅减慢了车速，还使小区内的景色逐步展现，避免了一览无遗，设计恰当可以达到步移景异的效果。在道路的转折处，可以放一些建筑小品点缀，起丰富小区景观的作用。视线通廊是为了观赏某些景色设置的，是直线型的，可根据景色的需要确定一定的宽度，在该宽度内避免过高的物体对视线的遮挡。视线通廊有时也和某段道路重合，要仔细考虑景与人的关系，使大多数人在不经意中欣赏景色。

3. 绿化体系的组织

在景观设计中，绿化的作用尤为重要，没有绿色的居住区是没有生气的，要使绿化形成一个层次分明、构图完整、大中小结合、点线面结合的完整体系。根据居住区不同的组织结构类型，可以设置相应的中心公共绿地，包括居住区公园（居住区级）、小游园（小区级）和组团绿地（组团级）以及儿童游戏场和其他块状、带状公共绿地等，不同的绿地服务不同的片区，体现不同的特色，可以根据绿地大小不同和服务人数不同设计不同的休闲娱乐设施和建筑小品，使人们的室外活动与绿色结合得更紧密。各级中心绿地设置规定如表 5-3-1 所示。

表 5-3-1　各级中心绿地设置规定

中心绿地名称	设置内容	要求	最小规模（hm^2）
居住区公园	花木草坪、花坛水面、凉亭雕塑、小卖茶座、老幼设施、停车场地和铺装地面等	园内布局应有明确的功能划分	1.00
小游园	花木草坪、花坛水面、雕塑、儿童设施和铺装地面等	园内布局应有一定的功能划分	0.40
组团绿地	花木草坪、桌椅、简易儿童设施等	灵活布局	0.04

（二）居住区景观的分类设计

对居住区景观环境进行总体的、宏观的设计是其整体形象的保证，只有对各类景观进行进一步的设计才能使之细致和完善。根据居住功能特点和环境景观的组成元素，可以将居住区景观分为绿化种植景观、道路景观、场所景观、硬质景观、水景景观、庇护性景观、高视点景观、照明景观等类别。

1．绿化种植景观

绿化首先要满足实用的要求，反对大搞没有实用价值的观赏性景物。居住区的绿化要创造安静、祥和的氛围，要平易近人、朴实无华，充满生活气息，要保护好古树名木，将其组织在景观之中，丰富环境的文化内涵。绿地至少有一边与相应级别的道路相邻，以保证其可达性和共享性，要满足不少于1/3的绿地面积在标准日照阴影范围以外。公共绿地的指标要达到组团级不少于0.5 m^2/人，小区级（含组团）不少于1 m^2/人，居住区级（含小区或组团）不少于1.5 m^2/人；绿地率新建区应≥30%，旧区改造宜≥25%；种植成活率≥98%。块状、带状公共绿地应同时满足宽度不小于8 m、面积不小于400 m^2的要求。为避免绿化用地内的土地过多被路面和铺地占据而降低绿化效果，绿地中的绿化面积（含水面）不宜小于70%，为保证遮阴效果，树木要占一定的比例，避免单纯种草。在植物配置方面，应注意以下原则：①从实用着想，适应绿化的功能要求和所在地区的气候、土壤条件、自然植被分布特点，选择抗病虫害、易养护管理的植物，特别是易长、耐旱、耐阴、树冠大、枝叶茂盛的乔木，在绿化中要体现良好的生态环境和地域特点；②要发挥植物的各种功能和观赏特点，常绿与落叶、速生与慢生相结合，实现植物的合理配置，构成多层次的复合生态结构；③植物品种的选择要在统一的基调上力求丰富多样；④选择好种植位置，避免影响建筑的采光通风，道路拐角处不能因种树而遮挡视线。

居住区绿化要实现多样化，如阳台绿化、屋顶绿化、墙面绿化和停车场绿化，尽可能多地增加绿色，以起到遮阳降温和改善小气候的作用。

2．道路景观

道路景观的设置要考虑导向性和观赏性双重要求，既要对车流和人流有引导作用，使之方便地到达目的地，又要分析人们在行走过程中的感受，不失时机地安排好各种景点。路边的绿化种植及路面质地色彩选择要有韵律感和观赏性。休闲性的步行道要尽可能形成绿荫带，避免夏季阳光照射人体产生不适，步行道要串联供人们休息、观赏、娱乐、健身的各种设施，并将这种设施作为景点与道路结合起来逐一展现。

3．场所景观

居住区常见的场所景观有健身运动场、休闲广场和儿童游乐场三种。

（1）健身运动场

健身运动场可以是专用运动场，如网球、羽毛球、门球场和室外游泳场，也可以是提供室外健身器材或供人做操打拳的一般运动场，坡度控制在0.2%～0.5%，运动场要分散布置，既方便居民就近使用，又要减少对居民的干扰，同时避免各种车辆穿越运动场。运动场应保证良好的日照和通风，要划分运动区和休息区，在休息区应设适量座椅并种植乔木遮阴，使人们能充分接触大自然。

（2）休闲广场

休闲广场应设于中心区或入口处等人流集散地带，要保证广场有充足的日照，周边要考虑遮阴处和休息座椅，广场要注意防滑，坡度控制在0.3%～3.0%，要符合无障碍设计的要求，还要提供休息、活动、交往等设施。广场作为居住区室外活动的中心，人流较多，是景观规划的重点，设计中要结合当地情况发掘历史和文化内涵，创造自身特色，避免照抄照搬和追求奢华。

（3）儿童游乐场

儿童游乐场坡度宜控制在0.3%～2.5%，要保证阳光充足，空气清洁，使儿童在游玩中享受阳光和新鲜空气，为减少噪声和粉尘对儿童的影响，游乐场与居住区内的主要道路要有一定的距离。为方便成人在一定距离内照看儿童，游乐场要有较好的可通视性，周围不宜设置包括绿化在内的遮挡物，由于儿童玩耍时会发出嬉戏吵闹之声，游乐场要距居民窗户10 m以上，以减少干扰。儿童游乐场的设施包括沙坑、滑梯、秋千、攀登架、跷跷板、游戏墙、迷宫等，这些设施的设置要符合儿童特点，选用鲜艳且与周围环境相协调的色彩、与儿童适应的尺度，要充分考虑儿童玩耍时的安全，减少各种器材的尖锐角，设置必要的警示牌、保护栏和柔软地垫等。

4. 硬质景观

硬质景观泛指由质地较硬的材料组成的景观，是相对植物绿化、水面之类的软质景观而言的。硬质景观包括以观赏为主的雕塑和以实用为主的围墙、栅栏、挡墙、坡道、台阶、标志牌、饮水器、座椅等。

雕塑常作为居住区的点睛之笔，可以给周围环境带来生气，提高整个环境的艺术水平。雕塑要与居住区的环境相协调，维护整个居住环境的完整性，体现时代感和人文精神，要亲切宜人，避免过高过大。雕塑的位置要与整个住区的景观环境统一考虑，结合道路、建筑、绿化及其他公共服务设施设置，起到点缀、装饰和丰富景观的作用。雕塑可以是具象或抽象、静态或动态的，自身的形体要完美，在材质、色彩、体量等方面认真推敲，避免粗制滥造，否则不仅不能美化环境，还会造成视觉污染。

以实用为主的硬质景观在保证安全、实用的同时，也要注意其美观方面，处理恰当能在环境中起到点缀作用。

5．水景景观

水是生命之源，人类对水的依赖和喜爱使水在造景中起着重要作用。水景景观分为自然水景的利用和人工水景。

当居住区与江、河、湖、海相邻时，应注意水与居住区的融合，可以通过借景、对景等方法将水的景色纳入居住区的视野。可能的话还可以将水引入居住区以内，以创造更多的滨水空间。水边设置小路，使人能够近水、赏水、玩水，滨水的建筑要低矮、开敞，既有利于自身观水，还要减少遮挡。有时还可设置木栈道、景观桥，起到丰富水景层次的作用。

人工水景有喷泉、水面、跌水、瀑布、溪流、涉水池等，可以在地表无水的情况下利用人工的方法满足人们对水的需求，营造充满活力的居住氛围。人工水景要少而精，以减少建造费用和运转维护费用，在缺水地区，更要少用、慎用，避免水资源的浪费。

6．庇护性景观

庇护性景观在室外环境中给人以庇护作用，遮挡阳光和风雨，在居住区中是重要的交往空间，也是构成环境的景观要素，主要是亭、廊、棚架和膜结构等。这些建筑要邻近居民的主要步行路线，易于通达，还要对其位置、尺度、比例、与周边环境的关系等方面进行细致的设计，使其较好地体现景观价值。

7．高视点景观

随着人口密度的增加，住宅的层数也在增加，很多景观除考虑在地面上的观赏效果，还要考虑从上向下看的效果，高视点的景观效果有其自身的规律，设计时应引起注意。

从上向下看时，很多较低建筑的屋顶、阳台、平台尽收眼底，如果不加处理，将在很大程度上影响高视点的景观效果，通过屋顶绿化、覆盖面砖和彩色瓦等措施加以改善。高视点景观主要是总体的、图案性的效果，要对铺地、绿地、水面的形状、色彩进行设计，使其相互之间搭配合理、条理清晰、对比分明。树木种植要疏密有致，在形成变化的同时，也显现草地、花丛、铺地等较低的图案效果。

8．照明景观

居住区的夜景越来越受到重视，随着科技的发展，照明的种类也越来越丰富，为创造多彩的夜景提供了条件，照明不仅为人们夜间出行、活动保障安全和便利，也是形成温馨、祥和、活泼的夜环境的必要手段。夜间照明要以适度为原则，太暗不能满足要求，太亮显得过于喧嚣，也影响住户的休息。照明灯具是构成环境的一个组成部分，在选择灯具的形式和位置时，要考虑白天和夜间的双重效果。

第四节　现代居住区公共服务设施规划设计

居住区公共服务设施是城市公共服务设施系统的一个组成部分，主要服务于本居住区居民，满足其物质和精神生活的基本需要，居住区公共设施的服务水平是社会经济、文化水平的一个体现。随着社会的进步，对公共服务设施也不断提出新的要求，要求服务愈加便利、完善，处处体现对人的关怀。公共服务设施要根据不同项目的使用性质和居住区的规划布局形式，采用相对集中和适当分散相结合的方式进行布置，使设施充分发挥效益、方便经营管理且减少对居住部分的干扰，其中商业服务与金融邮电、文体等有关项目宜集中布置，形成居住区各级公共中心。基层的服务设施设置的位置应注意方便居民，满足服务半径的要求。配套公建规划时还应考虑发展的需要，为今后的改建、扩建留有余地。

一、居住区公共服务设施的构成

（一）居住区公共服务设施的分类

（1）教育：中学、小学、幼儿园、托儿所等。

（2）医疗卫生：医院、门诊所、卫生站、护理院等。

（3）文化体育：文化馆、俱乐部、图书馆、运动场、游泳池、球类场馆、文化活动中心等。

（4）商业服务：食品店、百货店、书店、餐馆、照相馆、药房、浴室、理发店、集贸市场、综合修理等。

（5）金融邮电：银行、储蓄所、邮电所、电信局等。

（6）社区服务：居委会、社区服务中心、养老院、治安联防站、物业管理等。

（7）市政公用：公厕、变电室、消防站、垃圾站、高压水泵房、存车处、停车库等。

（8）行政管理及其他：街道办事处、市政管理所、派出所、防空地下室、居住区内部的工业和手工业等。

（二）居住区公共服务设施配建项目与规模

居住区的公共服务设施建设必须考虑到居民在实际生活和文化需求方面的不同层次，同时也要考虑到公共服务设施自身的管理和运营需求。只有当配建的项目种类和规模与服务人口的规模相对应时，才能让居民方便地使用这些设施并使其经济效益最大化。经过实践验证，对于3～5万居民的社区来说，必须建立一套完善的公共服务设施，以满足日常生活的需求，如设立街道办事处、规模适中的综合商业服务场所，文化活动中心及门诊等。针对1～1.5万人口的社区，需要提供基本的公共服务设施，包括但不限于托幼机构、学校、商业购物中心、文化活动场所及社区服务中心等。在一个拥有1 000～3 000名居民的社区，必须配备一系列基础公共服务设施，包括但不限于居委会、停车场、便利店等，以满足居民日常生活的基本需求。如表5-4-1所示，就展示了具体的项目配置。有些项目之所以在其中，是因为它们具有独立的地位，同时满足附近居民的需求。如果需要规划用地内居住人口数量介于组团和小区之间或小区和居住区之间，除了按规划要求建设下一级所需设施项目外，还应考虑新增人口数量和周边设施条件来决定是否需要增设更高级别的相关设施项目。控制公共服务设施的面积是为了确保它们的合理利用和经济效益。千人配套面积指标是一个综合指标，其算法考虑了居住人口规模因素，并在规模跨越两个级别时，采用插入法计算配套设施面积。在规划用地时，也应考虑实际情况并且充分利用周边的设施，因此可以适当地减少配建项目和面积。如果周边的设施不够，同时需要公共服务设施满足附近居民的需求，那么配建项目的数量和面积可以随之增加。若商业服务面积能够得到适当扩大，将有利于满足交通站场等附近流动人口的需求。

表 5-4-1 公共服务设施分级配建表[①]

类别	项目	居住区	小区	组团
教育	托儿所	—	▲	△
	幼儿园	—	▲	—
	小学	—	▲	—
	中学	▲	△	—
医疗卫生	医院（200～300 床）	▲	—	—
	门诊所	▲	—	—
	卫生站	—	▲	—
	护理院	△	—	—
文化体育	文化活动中心（含青少年、老年活动中心）	▲	—	—
	文化活动站（含青少年、老年活动站）	—	▲	—
	居民运动场馆	△	—	—
	居民健身设施（含老年户外活动场地）	—	▲	△
商业服务	综合食品店	▲	▲	—
	综合百货店	▲	▲	—
	餐饮	▲	▲	—
	中、西药店	▲	△	—
	书店	▲	△	—
	市场	▲	△	—
	便民店	—	—	▲
	其他第三产业设施	▲	▲	—

① 王江萍，徐轩轩，李军．城市详细规划设计[M]. 武汉：武汉大学出版社，2011.

续表

类别	项目	居住区	小区	组团
金融邮电	银行	△	—	—
	储蓄所	—	▲	—
	电信支局	△	—	—
	邮电局	—	▲	—
社区服务	社区服务中心（含老年人服务中心）	—	▲	—
	养老院	△	—	—
	托老所	—		—
	残疾人托养所	△	—	—
	治安联防站	—	—	▲
	居（里）委会（社区用房）	—	—	▲
	物业管理	—	▲	—
市政公用	供热站或热交换站	△	△	△
	变电室	—	▲	△
	开闭所	▲	—	—
	路灯配电室	—	▲	—
	燃气调压站	△	△	—
	高压水泵房	—	—	△
	公共厕所	▲	▲	△
	垃圾转运站	△	△	—
	垃圾收集点	—	—	▲
	居民存车处	—	—	▲
	居民停车场、库	△	△	△
	公交始末站	△	△	—
	消防站	△	—	—
	燃料供应站	△	△	—

续表

类别	项目	居住区	小区	组团
行政管理及其他	街道办事处	▲	—	—
	市政管理机构（所）	▲	—	—
	派出所	▲	—	—
	其他管理用房	▲	△	—
	防空地下室	△*	△*	△*

注：①▲为应配建的项目；△为宜设置的项目。

②*在国家确定的一、二类人防重点城市，应按人防有关规定配建防空地下室。

居住区的公共服务设施设置受社区管理模式、消费水平、服务水平、生活习惯等多种因素影响，随着时代的发展不断发生变化，有的设施被淘汰，但更多的设施应运而生，为人们提供更多、更周到的服务，随着社会主义市场经济的不断发展，一些营利性的项目可以放在市场的环境下去调节，这种调节比计划性的设置更具活力。

二、居住区公共服务设施的布置

居住区的公共服务设施布置一般与居住区的规划结构相适应，集中与分散相结合，分级进行配置。其位置选择要有合理的服务半径（居住区级 800～1000m，小区级 400～500m，组团级 150～200m），还要设在交通方便、人流集中的地段，减少对居住生活的干扰。集中布置的公共服务设施由于建筑体形丰富、灵活，常成为居住区景观较好的地段，布置时要与主要街道和绿地水面结合，使建筑面貌得以展现。

（一）居住区级公共服务设施的布置

居住区内的学校要选择建立在空气流通状况较好、阳光充足的地段，同时要注意远离污染源和地势较低的位置。另外，为了保证校园内师生的安全和舒适的教学环境，应当选择在远离喧闹的市场和娱乐场所的地区，同时避免与医院太平间相连。在校园内不得有城市高压线路通过，这也是为师生的安全考虑。教学用房的外墙与铁路的距离大于 300m。学校校门不宜开向城镇干道或机动车流量每小时超过 300 辆的道路，校门处留有缓冲距离。中学的服务半径不宜大于 1 000 m，建筑容积率不宜大于 0.8，教学楼应满足冬至日不小于 2 h 的日照标准，要方便学生上学和放学，教学楼高度不超过 5 层。

居住区医院位置要结合上级规划的医疗卫生网点的布局要求，要交通方便、环境安静、远离污染源，与其他建筑要有一定间距并结合绿化进行适当隔离，既要便于居民使用，又要避免救护车对居住区不必要的穿越和干扰。

除上述两类建筑外，居住区的其他公共服务设施主要是商业、文娱和管理服务类建筑，相互之间一般影响不大。为方便居民，提高使用效率，减少对住户的干扰，并形成一定的景观效果，最好将其集中布置，形成居住区的文化、商业、服务中心，其位置要选择在交通方便、服务半径合理的地段，布置方式主要有三种。

1. 沿街布置

沿街布置是最常见的布置形式，历史悠久，集交通、购物、娱乐和交往于一身，形成浓郁的商业氛围，使用方便，利用率高。随着机动车辆的发展和交通量的加大，商业与通行之间的矛盾日益突出，如果处理不好，既影响交通的快捷，又影响人员安全和商业营业，所以在规划中应根据道路的性质和交通量综合考虑，在交通量较大、道路较宽的交通干线上，一般不宜开展商业活动，以保证城市路网的畅通。

沿街布置的形式又可分为三种，主要来自机动车辆的影响。

（1）沿街双侧布置

当道路的宽度和交通量不大时，可采用双侧布置。双侧布置时道路的功能以购物为主体，允许人员来回穿行，由于店铺集中，商业气氛较浓，使用效率较高，但依然存在人与车之间的交叉问题（图 5-4-1）。

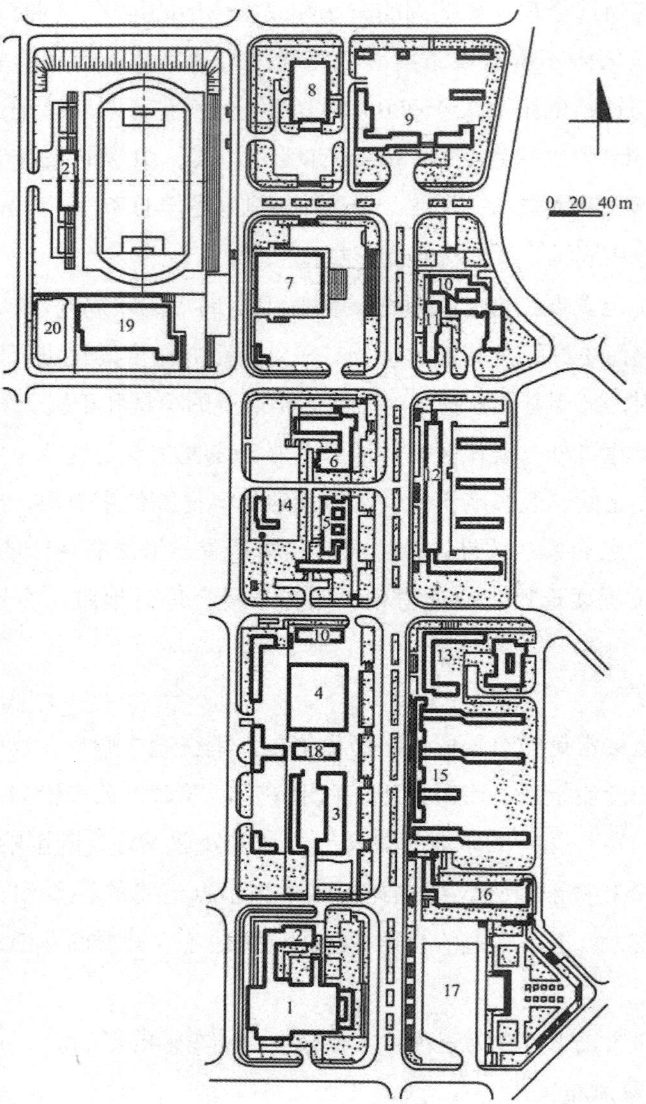

1. 文化宫剧场；2. 文化厅；3. 百货商店；4. 副食商店；

5. 饮食店；6. 旅馆；7. 体育馆；8. 电影院；9. 区政府办公楼

10. 邮电局；11. 银行；12. 底层商店；13. 底层商店；14. 中心浴室；

15. 日杂商店；16. 底层商店；17. 文化广场；18. 自行车存放处；

19. 游泳池；20. 旱冰场；21. 体育场

图 5-4-1　某生活区中心街区规划平面图

（2）沿街单侧布置

当道路的宽度和交通量增大或一侧是绿地、水面、已建成的建筑和文物保护建筑等情况时，可采用单侧布置，单侧布置解决了人车之间的交叉问题，但顾客行走距离较长，给购物造成不便，商业气氛也不如双侧布置浓郁（图 5−4−2）。

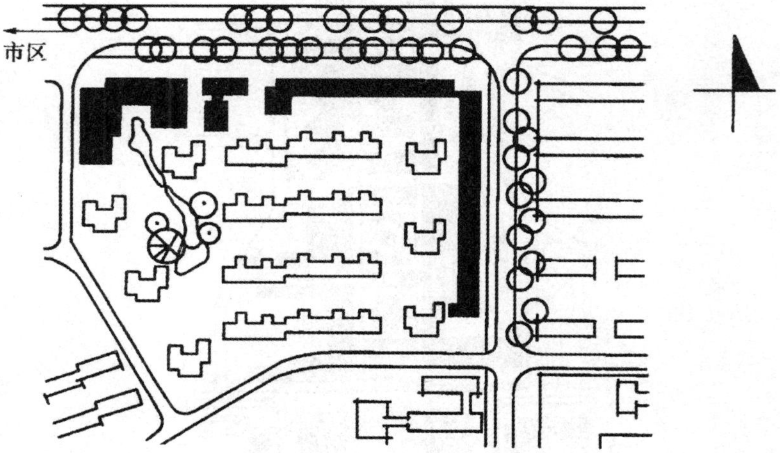

图 5-4-2　某小区商业沿街单侧布置

（3）商业步行街

商业步行街既解决了人车交叉问题，又方便了顾客购物，营造了较好的商业氛围，集游憩购物于一身，很多著名的步行街已成为所在城市的特色。步行街在入口处设停车场，按交通组织方式可以分为不允许机动车辆进入的完全步行街、某时段允许机动车辆进入的定时步行街、只允许公交车进入的公交步行街和允许送货车进入的半步行街。步行街为顾客创造了安全感，促进了商业活动，提高了城市活力（图 5−4−3）。步行街要达到较好的效果，就要求有一定的规模，而当规模形成后，只有吸引一定的人流，才能维持步行街的正常运转，因此步行街布置时要注意一定的开放性，以吸引周边居民，否则将造成步行街的萧条。

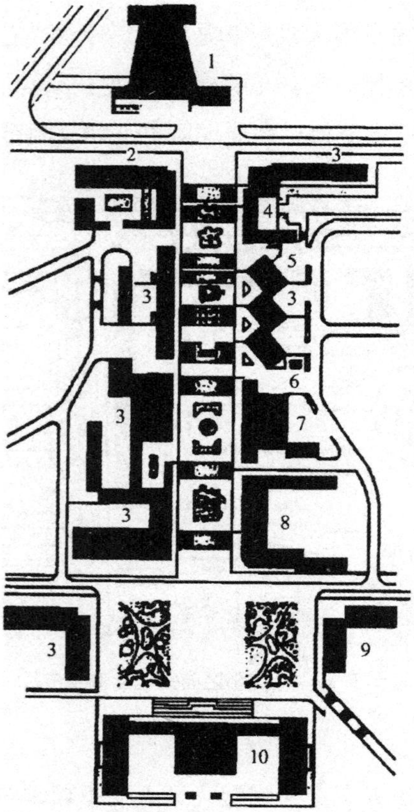

1. 市民广场；2. 商店；3. 步行街；4. 停车场；5. 市场；

6. 车库、商铺；7. 酒店；8. 锅炉房；9. 钟塔；10. 邮局

图 5-4-3　某商业步行街

沿街布置公共服务设施，除要考虑步行与车行的关系，还要注意解决车辆停放和人流集散的问题，尤其是对于影剧院和规模较大的商场、饭店等，要在入口处留有相应的场地用于人流集散和停车，人流和车辆的出入要尽量远离道路交叉口，停车位控制指标如表 5−4−2 所示。

表 5-4-2　配建公共停车场（库）停车位控制指标

名称	指标	自行车	机动
公共中心	100 m^2 建筑面积车位	⩾ 7.5	⩾ 0.45

续表

名称	指标	自行车	机动
商业中心	100 m^2 营业面积车位	≥ 7.5	≥ 0.45
集贸市场	100 m^2 营业场地车位	≥ 7.5	≥ 0.30
饮食店	100 m^2 营业面积车位	≥ 3.6	≥ 0.30
医院、门诊所	100 m^2 建筑面积车位	≥ 1.5	≥ 0.30

注：①本表机动车停车车位以小型汽车为标准表示。

②其他各型车辆停车位的换算方法，应符合表 5-4-2 的有关规定。

2. 成片布置

所谓成片布置，指的就是在合适的地域范围内，将公共服务设施摆放在一起，当规模较大时，还可根据各项公共服务设施的功能及行业特点分成若干功能块布置。成片布置可以形成相对独立的步行区，与城市交通之间的干扰小，便于使用和管理，但应注意合理组织内部流线，还要注意与广场、绿地、铺地、小品等方面的协调。

3. 混合布置

将沿街布置和成片布置相结合便是混合布置，布置形式更为灵活。这种布置方式同样要注意将各类功能用房进行适当的分区，组织好人流与货流的关系，使结合之后的优势得到发挥。

对于用地紧张、经济较为发达的城市还可以将住宅和公共服务设施组合在一起，建成高层建筑，下部裙房用于服务设施，上部主体作为住宅，通过裙房的房顶平台可以将多栋住宅相连，这种方式称为集约化布置。它可以提高土地使用效率，居民与公共服务设施的联系较方便，但造价较高，相互之间也有一些干扰，因而在中小城市采用较少。

（二）基层公共服务设施的布置

居住小区级和组团级的公共服务设施是居民日常必需的，通称为基层公共服务设施，这些设施要布置在步行能安全、方便到达的范围内。

1. 居住小区级公共服务设施的布置

居住小区级的公共服务设施包含的内容十分多样，其中不仅包含学校、活动站、卫生站和健身服务器材等，餐饮店、杂货铺和邮局等同样包含在内。其中的健身服务设施和文化设施可以与小区绿地结合布置，同时针对商业服务性质较强的设施可以选择集中布置，最终形成体系化的小区生活服务中心，而位置应结合居住区或周边服务设施的分布来设置，可选在靠一侧的出入口地段，也可选在中心位置。

2. 居住组团级公共服务设施的布置

居住组团级公共服务设施包括居委会、治安联防站、便民店、垃圾收集点、居民存车处、停车场（库）等，有时还可设置托儿所、居民健身设施。其中，托儿所占地面积最大，要考虑接送儿童的方便和环境的优美与安静，要有良好的朝向和室外活动场地，尽可能独立设置，如独立设置有困难时，可设在住宅建筑的底层，其入口须与住宅分开单独设置。居委会、便民店、联防站等一般规模较小，可单独设置，也可设在住宅建筑的底层，但也应设单独出入口，一般设于组团入口的部分，服务半径以 150 m 左右为宜。

第六章 现代城镇生态环境规划设计

城镇是人类社会、经济和文化发展的产物，又是生态系统中最为复杂的类型，极易受到人为和自然环境条件的干扰。近几十年来，伴随着世界范围内城镇化进程的加速，农村人口向城镇密集、交通拥挤、资源和能源短缺、环境污染、生态恶化等问题，已成为人类社会关注的焦点。就我国城镇目前的环境状况而言，问题也非常严峻，在一些城镇地区环境污染已相当严重，城镇灾害时有发生，极大地影响和制约了城镇的可持续发展和人民的生活质量。随着人民生活水平的日益提高和社会经济条件的不断改善，人们对旅游环境的要求越来越高，旅游已成为当今许多城镇的重要功能之一。因此，城镇规划中开展城镇生态环境与旅游资源的研究，促进整个城镇生态环境系统的良性循环，是十分迫切和必要的。本章主要阐述了现代城镇生态规划设计、现代城镇环境保护规划两个方面的内容。

第一节 现代城镇生态规划设计

一、城镇生态系统的基本概念

（一）生态系统的分类和组成

所谓生态系统，指的就是在一定的地域空间范围内，由生物群落中的所有有机体和其所在环境共同组成的统一体，同时其具备一定的功能和作用。经研究发现，生态系统本身的“运作”过程是较为稳定的，而这种稳定状态是由生物与非生物之间所进行的能量循环来维持的，由此看来，生态系统本身就是由生物和环境两大因素构成的，二者缺一不可，是一个功能整体，也是生物圈能量循环中的一个重要功能单位。

从狭义的角度来看，生态系统和自然生态系统是等同的。由于现代社会群体基数的不断增加，世界的文明和现代信息水平也有所提升，人类对于自然的影响几乎遍及了全球各个角落，这样来说，也是很难存在完全不受人类活动干扰的生态系统。多数情况下，人们研究的都是半自然或半人工的生态系统，或是已经经过人类完全改造的生态系统，就如同城镇生态系统。但事实上，生态系统所包含的内容是十分广泛的，只要是由环境和生物群体组成的自然体都可以被称作生态系统。举例来说，一条小溪、一座山峰其本身都是一个生态系统，而农田和水库等后期完全由人类管理和组织的则被称为人工生态系统。一个大的生态系统由众多小的生态系统组成，复杂的生态系统自然是由众多简单的生态系统组成的，这样才能构成丰富多彩的生物圈。

（二）城镇环境与城镇生态系统

城镇环境是人类按照自己的意愿，运用自己的智慧，在自然环境的基础上创造的一种高级形式的人工环境，是人口密集、活动频繁、对自然环境改变最明显的区域，是人类与自然共同组成的空间。因此，城镇环境是人类作用影响最强烈的地区，是生产力发展到一定水平的产物，是生产和生活集中的场所。城镇环境是以城镇人口为主体，与各种自然要素相结合的总和。城镇环境包括城镇自然环境、城镇经济环境和城镇社会环境三个系统。

城镇环境是人类利用和改造自然环境创造出来的高度人工化的生存环境，人类活动对环境的影响，使城镇环境表现出一些明显的特征：①城镇的环境质量与城镇社会和经济的发展紧密相关；②城镇环境中污染源密集，污染物繁杂，大多数属于复合性的多源污染；③城镇环境问题可以通过人类行为得到改善。

从生态学角度来看，城镇本身就是一个综合体，其中融合了人、景、物等多个因素，还有人类的生产生活本身也是相互制约的关系，是在不断新陈代谢的过程中成长起来的。而所谓的城镇生态系统，指的就是在所属城镇的空间范围内，其中居民和人工建造出的社会环境与自然环境系统结合在一起而形成的有机统一体。这是一类以人为主体的基本完全人工化环境，但同时也具备开放性和驯化性特征。

众所周知，城镇生态系统本身的结构是十分复杂的，同时也具备了多样化的功能，具有较为明显的开放性特征，是一个复合型生态系统，由自然、社会、经济三大要素组成。而其与完全的自然生态系统相比，自然会有许多的不同之处。

①城镇生态系统高度人工化，人工因素对最终的城镇生态系统运行质量起着决定性作用；②从本质上来看，虽然城镇生态系统本身不是完整的生态系统，但是其具有高度开放性特征，其中的物质循环和能量流动的整个过程也同样是开放的，这是一个非自律系统；③城镇生态系统是一个多层次、多功能的复杂而脆弱的生态系统，其脆弱性指城镇的生态流一旦缺少某一个环节，都会引起多个系统的失调。

（三）城镇生态系统的结构

城镇生态系统的结构是指系统内包括的那些组成部分或子系统。组成城镇生态系统的各个子系统及其相互联系形成网络的层次结构，是一个非常复杂的多维和多层次结构。各个子系统都有自身的结构和功能，其间相互作用与联系、相互依存与制约。目前城镇生态系统的结构因研究出发点与方向不同，其结构也不同。对城镇来说，一般把城镇生态系统分成自然生态系统、经济生态系统、社会生态系统三个子系统，各个子系统又分为不同层次的次级子系统（图 6–1–1）。

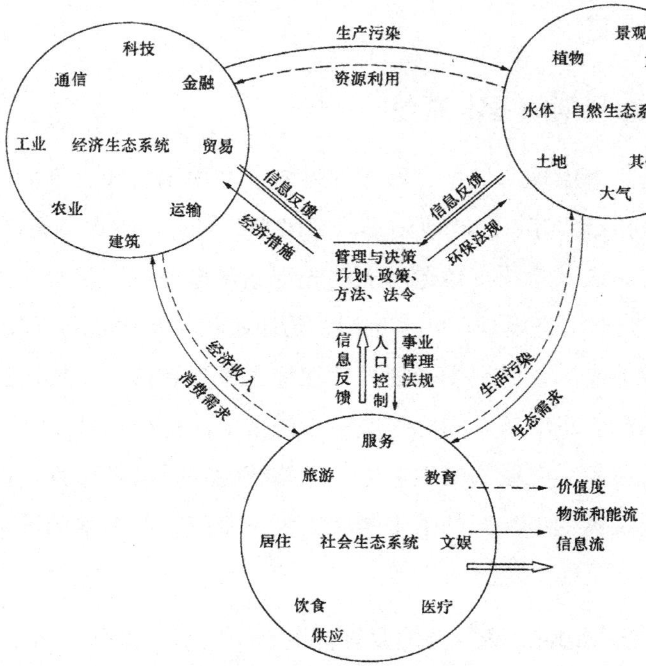

图 6-1-1　城镇生态系统的结构

（四）城镇生态系统的功能

所谓城市生态系统的功能，指的就是系统及其各个子系统所扮演的角色和所发挥的功能。城镇生态系统具有双重功能，既可以与外部环境互动，又维持内部的自我运转。为了保持系统内部的能量和物质的平衡，外部功能需要与其他生态系统进行交流，不断吸收来自外部系统的物质和能量，并根据系统内部的需求进行调整和补充，以保证系统的稳定。系统的内部运作通过畅通和循环物流和能流，并通过反馈各种流的信息来调整外部功能。此外，系统还可以将不需要的物质和能量输出到其他生态系统中。

城镇生态系统功能主要包括生产功能、生活功能和还原功能。生产功能即为社会提供丰富的物资和信息产品，主要由经济生态系统承担；生活功能即为居民提供方便的生活条件和舒适的栖息环境，主要由社会生态系统承担；还原功能即保证城乡自然资源的永续利用和社会经济环境的平衡发展，主要由自然生态系统承担。城镇一方面必须具备消除和缓冲自身发展给自然造成的不良影响的能力；另一方面在自然界发生不良变化时，又能尽快使其恢复到原状，这要靠城镇生态系统的还原功能来实现。

二、城镇生态规划的基本原理

城市生态作为生态学理念已经存在了许多年。在中国古代，人们认为住所应该与周围自然环境和谐共存，因此他们崇尚“风水”思想，注重“大地山河为主”和“相土尝水”的理念，希望在建造房屋前先观察基地环境，将居住之所与周围山水景色相融合。城市生态规划在几个世纪的历史推演过程中进行了发展和演变。在考虑生态因素的前提下，城镇生态规划旨在促进城镇可持续发展，逐步打造符合可持续发展标准的生态城镇。因此，城镇生态规划的过程包括从基于生态因素的城镇规划开始，逐步实现城镇的生态化和可持续性，以最终达到建设生态城镇的目标。合理规划城镇生态，有助于平衡城镇生态系统，这对推动城镇社会、经济和环境和谐发展是至关重要的。

（一）城镇生态系统的平衡与调控要符合生态学的基本原则

生态学中的第一法则是生物与生物之间、生物与环境之间互相依赖、互相依存的法则。城镇中各子系统之间、各元素之间是互相联系、互相依存的，在城镇生态系统的调控中，要达到综合平衡。生态学中的第二法则是有阈限法则。城镇的土地、能源、资源等都是有限的，因而可能其中的某个因子就会成为城镇未来发展的限制性因素，所以城镇的发展规模与自然资源是有很大关系的，可以将其作为确定城市规模的重要依据。生态学中的第三法则是熵的法则。能量在传递过程中要遵循热力学第二定律。根据这个法则，城镇在利用能源的过程中要尽可能减少中间环节，减少能量在转化过程中的消耗，缩短生产线，使余热、废热减到最低程度。生态学中的第四法则是循环法则，即物质不灭定律。在生态学理论中，世界上所有的物质都是“有用的”，并不存在“无用之物”。由此，城镇在发展过程中就是依据这一法则创建了生态农业和生态工业等生态创新形式，而这一理念应用到工业布局领域中，就可以将以往我们认为的“废物”有效利用起来，创造更加客观的经济效益和社会效益。生态学中的第五法是平衡法则，即协同法则。城镇各子系统要协同、同步，有计划、按比例发展。生态学中的第六法是最佳法则。在城镇中经济效益、社会效益、生态环境效益三同步的原则体现了在城镇生态规则中发挥的最佳效益。

（二）城镇生态系统平衡的标志

实现城镇生态系统平衡，就是城镇生态系统高度有序的表现。从广义上看，城镇生态系统平衡包括生态平衡、综合经济平衡、社会安定等多方面的内容。通常主要从生态与经济的角度分析，城镇生态平衡的标志主要体现在以下方面：①城镇的三个效益即经济效益、生态效益、社会效益都应达到最佳；②城镇包含的有关政治、经济、文化生活的各行各业、各种基础设施门类等组成要素应是大而全的；③城镇生态系统各子系统协同有序、有计划按比例发展。

城镇生态系统平衡的最终目标是提高城镇生活质量，通常可概括为舒适、方便、和谐、康乐等多个生活质量目标集合。舒适指生活、居住、劳动、休息的满足与满足程度；方便指人们的各种需要在时间和空间上分配的水平和质量；和谐指物质生活、精神生活、社会政治生活多要素之间的协调统一和有序发展，包括人与自然、人与社会、人与人之间的和谐，自然景观美与人文景观美之间的和谐，城镇结构与功能的和谐，以及社会安全感等；康乐是人们心理上和生理上的健康发展，包括医疗保健、文艺享受、旅游休息等。

（三）城镇生态规划的理论基础

城镇生态规划要突出“以人为本”的中心思想，强调人与自然、人与环境关系的协调。城镇生态规划的主要理论基础有以下几个方面。

1. 整体优化理论

整体优化理论强调，城镇生态规划的目标应与城镇总体规划目标一致，追求社会、经济和环境的整体最佳效益，致力于打造一个人工复合生态系统，实现社会的文明、经济的高效、生态的和谐、环境的洁净。

2. 开拓理论

我们应该积极寻找新的生态理论实践，并且提高区域和城市的生态环境质量，同时遵循环境容量、自然资源承载能力和生态适宜的原则。我们应该持续探索、不断开拓生态系统中未被充分利用的资源，以使它们充分发挥潜力。此外，我们需要加强人为干预，以控制未来生态变化的趋势，并促进生态建设的发展。

3. 协调共生理论

协调是指为了达到城镇生态规划和总体规划目标的一致，保持城镇、部门和子系统之间的各层次、各要素及周围环境的相互关系协调、有序和动态平衡。共生是指通过充分发挥不同产业和部门之间的互利合作关系，实现产业结构调整和生产力布局的合理化。

4. 区域分异理论

所谓区域分异理论，指的就是在城镇区域范围内对生态要素部分进行充分和深入研究后，对城镇的现状布局、总体规划和区域规划内容进行综合统筹安排。

5. 生态平衡理论

在人类社会和生态系统中的平衡，通常是指相对平衡、动态平衡。城镇生态系统的平衡也不是静态平衡，而是城镇自然生态—经济—社会复合人工系统在发展过程中的平衡。

6. 可持续发展理论

可持续发展的基本内涵是以人的发展为中心的“生态—经济—社会”三维复合系统的运行轨迹与可持续发展。

（四）城镇生态规划的原则与要求

城镇生态规划以城镇生态学的理论为指导，以实现城镇生态系统的动态平衡为目的，调控人与环境的关系，为城镇居民创造舒适、方便、清洁、安全、美观的环境。因此，城镇生态规划的原则，首先要求做到遵循生态学的原理和一般规律，包括我国生态学家马世骏提出的生态学五大规律，即相互依存与相互制约的互生规律、物质循环转化与再生规律、物质输入输出动态平衡规律、相互适应与补偿的协同进化规律、环境资源的有效极限规律。其次，从生态控制理论观点来看，调控城镇生态系统各种“生态流”时应遵循循环再生原则、协调共生原则和持续自生原则。这三条原则是生态控制论中最主要的原则，也是城镇生态系统调控中必须遵循的原则。另外，城镇生态规划还必须遵守国土整治规划、区域规划、城镇总体规划等相关规划的要求，并与其协调一致。同时，城镇生态规划因不同的规划目的和不同的阶段采用不同的方法。如有以土地利用规划为主的城镇生态规划，以环境系统工程为主要方法的城镇生态规划，以制定模型为主要方法的城镇生态规划等。

三、城镇生态系统的规划布局

（一）城镇生态系统规划布局的主要内容

城镇生态规划的对象是一个由自然生态系统要素和人工生态要素复合而成的人工复合生态系统，即城镇生态系统，其子系统众多，故工作内容广泛。城镇生态系统规划布局的主要研究内容即城镇生态规划的工作内容，通常应根据城镇的具体情况突出重点，有针对性地拟定，一般可包括以下几方面。

1. 生态要素的评价

这其实就是综合考虑区域的自然、社会、人口、经济和环境的数据和资料，运用复合生态系统的思想和生态环境科学的理论和技术手段对区域资源和环境进行评价。通过评价，我们可以了解到该区域的生态过程、敏感和稳定程度，以及环境资源的潜力和限制。这些内容主要包括生态过程、环境敏感度、土地质量和区位及土地利用现状等方面。

2. 环境容量和生态适宜度分析

环境容量是指在不对自然生态造成危害的情况下，人类自身遵守环境质量标准的限制，某一特定环境范围内可承载的最大污染物量。根据要素的不同，环境容量可分为水环境容量、大气环境容量、土壤环境容量及绿地环境容量等。生态适宜度是根据生态因素对土地利用方式的适宜情况来确定规划区内土地利用方式的影响程度。它是评估土地开发适宜程度的一个重要标准。

3. 评价指标体系的建立及规划目标的研究

目前评价指标体系的建立方法很多，应重点考虑以下主要生态指标：人口密度、土地利用强度、绿化覆盖效率、人均公共绿地、建筑密度、经济密度、能耗强度与密度、污染负荷密度、交通量。

除此之外，我们应该清楚规划的最终目的还是要落实到生态规划的近期、远期和年度目标上，同时需要注意的是，近远期目标在某种程度上应当与年度目标相一致，二者要相辅相成，相互促进发展。

4. 生态功能区划与土地利用布局

对于生态功能区划来说，我们首先应该考虑的就是其中的生态要素问题，不仅包括发展趋势和现状问题等，土地利用布局等因素也应当是我们所要考虑的问题。对于此，在提出居住、交通、园林和游乐园规划等大型项目方案时，就应该充分发挥其中的城镇功能分区调节功能，这样才能够保证整个城镇生态区域不失衡。因而，在进行城镇内部的用地布局考量时，应当综合外界环境条件和当时的用地现状，同时在符合城镇总体规划、用地规模和环境保护规划的基础上，对于用地结构和最终的布局提出合理方案，以保证城镇土地布局的合理性。

5. 人口适宜容量规划

众所周知，一个城镇生态系统的主体就是人，因而我们在进行城镇规划时，要充分考虑这一因素对整体布局和最终规划效果及质量的影响，这时我们就要依据总体人口规模合理调整城镇内部的人口密度。除此之外，再进一步提出相关的人口素质要求和人口规划方案也是十分有必要的。

6. 绿地系统规划

城镇绿地系统规划是在城镇规划用地范围内，通过对不同性质、功能、用途的绿地的合理布局，使绿地系统能够协调和改善城镇的自然环境，调节小气候，保持城镇生态平衡，并与城镇其他构成部分组成有机的整体，为居民创造舒适、卫生、安静、美观的生活环境。

7. 环境污染综合防治规划

在指定包括大气、水环境、固体废物等污染在内的综合防治规划时，应综合考虑它们之间的相互影响，从总体上进行分析。

8. 其他方面

产业结构与布局调整规划以及资源利用与保护规划等内容。

（二）加强与城镇规划和环境保护规划的结合与联系

关于城镇生态系统的系统规划布局，我们一直强调的就是使用生态系统整体优化的理念，对于其内部的自然和人工生态因子都给予较高程度的关注，同时对于双方的动态变化和相互作用状况也一直予以关注。由此，我们在研究能量流动及物质循环的过程中，经过深入的研究探索，最终提出了有关保护生态环境和进行城镇生态建设的相关实施路径方案。从本质上来讲，它与城镇的总体规划和环境保护规划的关系是十分密切的，是一直紧密相连的，而我们提出相关实施方案的目的就是，要保持城镇生态系统的良性循环，同时将人与自然的关系始终保持在一种和谐共处的良好状态之下，以此来追求社会经济、文化和政治的多重创新发展与统一。从目前的状况来看，现在大多数学者还是比较偏向于城镇生态系统规划布局的理论研究方向，显然这样的研究还缺乏实际的可操作性，故而今后应强调系统的、整体的观点，加强多学科、多部门之间的通力协作，采取定性与定量结合、理论性与实践性并重的研究方法，探索出切实可行的、有助于城镇复合生态系统良性循环与整体优化的生态规划理论与方法。

（三）以生态城市理论和实践经验为基础，搞好生态城市规划布局

1. 生态城市的内涵

1971 年，联合国教科文组织推出了“人与生物圈计划”，而提出这一计划的目的就是解决现阶段及未来可能会发生的众多城市问题和城市生态系统弊病，而应用理论当然是以生态学理论为基础，以此来促进世界范围内生态村庄、生态社区和生态城市的快速发展。按美国生态学家瑞杰斯特所言，生态城市就是充满活力、与自然和谐共存、节能且聚居紧凑的健康城市。为此，他在 1990 年

提出了“生态结构革命”的10个具体计划。我国自20世纪80年代开始关于生态城市的研究和实践。1984年，中国生态学专家马世骏、王如松发表了论文《社会－经济－自然复合生态系统》，为打造现代化生态城市提供了清晰的方向。在近些年，我国许多城市已提出建设“生态城市”的未来规划目标。随着社会和科技的不断进步，我们也在不断丰富与完善生态城市的定义和内涵。从现在来看，它已经综合了经济、社会、文化及自然等多方面因素，逐步向更全面、更完备的方向发展，表现出了一种广义的生态观念。生态城市的真正内涵在于将现代文明城市中的人类物质文明和精神文明相结合，以实现社会和谐、经济高效和生态良性循环。

2. 建设生态城市的原则

建设生态城市是现代人能享受真正高质量的生活并实现现代城市可持续发展的途径，因此建设生态城市应遵循以下原则。

（1）维持生态平衡原则

维持生态平衡原则包括维持自然、经济、社会三个生态系统的平衡，并要充分识别和尊重不同层次和区域的环境容忍度。

（2）系统协调和普遍联系原则

所谓系统协调和普遍联系原则，指的就是将区域生态系统、城镇内部的各类子生态系统以及整体的城市生态系统看作一个有机整体，在各类生态系统之间建立联系，而不是各自独立发展。

（3）生态经济学原则

在城市发展中运用生态经济学原则，将隐蔽的环境成本通过盈亏平衡表现出来，追求生态经济复合目标和生态经济效益。

（4）保持多样性原则

所谓保持多样性原则，指的就是对于一定地域范围内的城市建设情况、民族特色和自然生物等进行多样性的维护。

3. 树立新的生态城市规划建设理念

生态城市是一个自我管理、自我适应的生态系统，由三个层次构成：首先是自然—地理层次，它属于城市人类活动的自发层次，是城市生态系统逐步发展、扩展、竞争并达到资源最大化利用和最优平衡的过程。其次是社会—功能层次，它在城市的组织结构和功能方面拥有调节作用，能够协调不同子系统之间的矛盾，提升城市有机结构的协同能力。最后是文化—意识层次，其作用在于加强人们对生态保护的认识，以实现由外在约束转化为内在自我调节，激励人们更自觉地参与环保行动。许多学者对生态城市规划提出了自己的见解。1990 年，戈登（Groden）发表了《绿色城市》一书，其中提出了关于绿色城市的设想，这一设想备受世人瞩目。钱学森运用中国古诗词、山水画和古园林建筑的元素，构想出了“山水城市”的概念。同样，“山水城市”构想提出的目的也是实现自然与人类的物质和精神领域的和谐发展，这与生态城市的理念十分相似。因此，可以说“山水城市”是一种具有中国特色的生态城市的概念。据学者们的普遍观点，为了推进城市与区域的可持续发展，城市生态规划建设需要倡导以下理念：将重点放在实现城市与区域的同步发展上。加强基于城市多元生态系统的生态规划；加强对城市生态容量极限问题的研究，在规划中进行考虑。发展趋势是从基于主观判断的定性分析向基于数据分析的定量模拟方向转变，致力于推进生态城市规划和建设事业的进展。

当代城市的新目标是构建生态城市，这代表了城市发展的高峰，代表了城市居民与自然之间高度协调的状态，也象征着城市居住环境与自然环境的完美融合。

四、城镇绿化规划

（一）城镇绿地的功能与作用

城镇绿化是大地园林化的一个重要内容，也是城镇建设规划的组成部分。绿化与人类及人类生活的环境有着密切的关系。随着生产力水平的不断提高，人类的生存环境愈来愈多地受到其自身发展的威胁，同时科学技术的不断发展，使人类对绿地的认识也逐渐由过去的单一功能——游乐功能，发展为对多种综合功能的认识。

1. 保护城镇环境，改善城镇生态

城镇绿地植物的生长发育受城镇生态环境的制约，绿地的生态效应又对城镇生态环境产生重要影响，是城镇生态的理想调节器。城镇绿地保护环境、改善生态的作用主要表现在以下几方面。

（1）净化空气、水体和土壤

空气是人类生存和生活不可缺少的物质，城镇中的居民及其他动物的呼吸以及城镇生产生活用燃料燃烧，会消耗空气中大量氧气，排出二氧化碳，在无风或微风情况下，大气交换不充分，容易造成城镇局部地区氧气供应不足，从而损害人体健康。植物具有固定二氧化碳、释放氧气的功能，在城镇中建设大面积绿地可以弥补城镇氧气供应不足的缺陷。可见，绿地能够维持大气中的二氧化碳与氧气的平衡。此外，绿地还能减轻城镇上空的大气污染。城镇大气中含有的污染物不仅影响日照，形成的酸雨还会腐蚀建筑物和金属设施表层，危及动植物及人体的健康。在污染浓度不超过植物承受临界值时，植物能够吸收大气中的某些有毒物质，如氟化氢、二氧化硫、氨等，减轻大气污染程度。另外，城镇的水体常受到工厂废水及居民生活污水的污染而影响环境卫生和人们的身体健康。植物有一定的净化污水的能力。

许多生长在水中和湿地中的植物在净化城市污水方面发挥了重要作用。据研究表明，树木具有吸收水中溶解质的作用，可有效减少水中的细菌数量。在经过宽度为30～40 m的林带后，每升水中所含的细菌数量比不经过林带的水减少了一半。植物的根系能够有效地吸收并净化土壤中的大量有害物质，除此之外，还有些植物的根系所分泌出的分泌物具有杀灭大肠杆菌的功效。此外，有植物根系分布的土壤中的好气性细菌数量显然与没有植物根系经过的土壤相比要多出数百至数千倍。这些好氧细菌可以促进土壤中有机物快速无机化，既净化土壤又增加其肥力。

（2）改善城镇小气候

绿地对城镇小气候的影响主要表现在三个方面：①植物对太阳辐射的反射率和吸收率很高，均为30%～60%，在夏天可以降低气温；②植物通过叶面蒸发，增加周围大气的湿度，在相对湿度不大的情况下，给人以凉爽的感觉；③由于城市下垫面的建筑和绿地的温度不同，白天建筑物温度高，热空气上升，绿地气温低，冷空气下降，形成由绿地吹向建筑群的徐徐凉风。

（3）减弱噪声和放射性污染，防风固沙，涵养水源

据测定，宽4 m，高2.7 m的绿篱墙，可以减少噪声6 dB。此外，城镇绿地还有吸附尘土、防风沙、涵养水源、增加城镇中的大气循环、增加降雨、遮阳、

缓解城镇热岛效应的作用。

2．美化城镇景观，塑造城镇特色

绿地在美化城镇景观和塑造城镇特色的作用表现在以下方面。

（1）丰富城镇建筑群体轮廓线。这与城镇总体规划和城镇绿地系统的整体布局有关。

（2）美化市容。城镇街道、广场四周的绿地对市容市貌影响很大。街道绿化得好，人们虽置身于闹市中，都犹如生活在绿色走廊里。街道两边的绿化，既可供行人短暂休息，观赏街景，满足闹中取静的需要，又可以达到变化空间、美化环境的效果。

（3）衬托建筑，增加建筑艺术效果。用绿化衬托建筑，使建筑富有生机，并可用不同的绿化形式衬托不同用途的建筑，使建筑更加充分地体现其艺术效果。居住性建筑四周的绿化布局及树种选择更多地体现为亲切宜人的环境气氛。

（4）遮挡不美观的物体或建筑物、构筑物，使城镇面貌更加整洁、生动、活泼。

3．充实绿地使用功能，调整城镇布局

城镇绿地的使用功能与社会制度、传统历史、民族习惯、科学文化、经济发展水平及地理环境等有密切关系。我国城镇中的绿地一般有游览、科普、教育、体育等方面的使用功能。人们在游览绿地的过程中，通过观赏各种不同类型的景点，可以使人们受到爱国主义教育和普及各种科学文化知识，寓教于乐。如可以使人们了解植物学、动物学方面的知识，并通过展览书法、绘画、摄影等方式提高人们的艺术素养，陶冶情操。

城镇绿地具有隔离带的作用，不仅可以将建筑与建筑、建筑与道路隔离起来，形成一个个独立的空间，而且能限制城镇用地的蔓延和人口规模的膨胀，从而起到调整城镇布局的作用。此外，河、沟、湖、塘等水体和山地、丘陵、空旷地等，也属于广义绿地的范畴，同样具有调整城镇布局的作用。

（二）城镇绿地的分类和指标

1．城镇绿地分类

狭义的城市绿地指《城市用地分类与规划建设用地标准》GB 50137—2011中城市建设用地的“绿地与广场用地”大类，包括公园绿地、防护绿地、广场用地三个中类。广义的城市绿地包括：狭义的绿地、区域绿地及城市建设用地中的附属绿地三部分。本术语指的是广义的城市绿地。

（1）公共绿地主要包括公园绿地、道路广场绿地、居住区绿地、绿带和绿色通道。公园绿地是指拥有固定边界、四周被围墙或栅栏包围，内部种植花草树木，甚至有山有水，建有观赏性建筑、雕塑、游乐设施，供市民大众享用的公共绿地。

（2）防护绿地按其防火、防风、防毒、防尘、防噪及污水净化功能，大体可分为防风林带、卫生防护林带、生产建筑物隔离绿带、城镇边缘防护林带及其他有防护意义的绿带。

（3）在满足广场使用要求的基础上保证一定的绿地率，有助于丰富立面景观、改善场地小气候、降低噪声、减少辐射、提高使用舒适度。绿地率超过 65 % 的绿化广场可以纳入公园绿地统计。控制广场用地内的建筑占地比例，是为了保障广场用地作为开放空间的公共服务属性，维持其开敞的城市景观特征。

（4）区域绿地，根据《城市绿地分类标准》CJJ/T 85—2017，区域绿地一般指位于城市建设用地之外，市域范围之内，市域绿地系统是以包括风景游憩绿地、生态保育绿地区域设施防护绿地、生产绿地等区域绿地构成的空间系统为主体，与城区绿地系统相联系构成的连续、完整、网络化的空间系统。区域绿地不参与建设用地汇总，不包括耕地。

风景游憩绿地是指自然环境良好，向公众开放，以休闲游憩、旅游观光、娱乐健身、科研科普等为主要功能，具备游憩和服务设施的绿地，包括：风景名胜区、森林公园、湿地公园、郊野公园、其他风景游憩绿地。

生态保育绿地是指为保障城乡生态安全，改善景观质量而进行保护、恢复和资源培育的绿色空间。主要包括自然保护区、水源保护区、湿地保护区、公益林、水体防护林、生态修复地、生物物种栖息地等各类以生态保育功能为主的绿地。

区域设施防护绿地是指区域交通设施、区域公用设施等周边具有安全、防护、卫生、隔离作用的绿地。主要包括各级公路、铁路、输变电设施、环卫设施等周边的防护隔离绿化用地。

生产绿地是指为城乡绿化美化生产、培育、引种试验各类苗木、花草、种子的苗圃、花圃、草圃等圃地，不包括耕地。

（5）附属绿地是构成城市绿地的重要组成部分，是城市居民生活、工作中接触最多的绿地空间。城市绿地系统专项规划的附属绿地规划应涵盖除绿地和广场用地外的其他城市建设用地类型，包括《城市用地分类与规划建设用地标准》GB 50137—2011 中确定的 7 个大类的城市建设用地。包括居住、公共管理与公共服务、商业服务业设施、工业、物流仓储、交通设施、公用设施等用地的附属绿地规划内容。

2．城镇绿地的衡量指标

判断一个城镇绿化水平的高低，是否达到“园林城镇”或“花园城镇”，首先要看绿地的数量；其次要看绿地的质量和绿化效果，即自然环境与人工环境的协调程度。我国目前城镇规划中采用的城镇绿地数量的衡量指标主要有两个：绿化覆盖率、人均绿地面积。城镇绿化覆盖率是指城镇中乔木、灌木和多年生草本植物所覆盖的面积占城镇总面积的百分比。按照植物学原理，一个城镇的绿化覆盖率只有达到 30％以上，绿地才具有改善城镇生态的作用；绿化覆盖率达到 40％以上，绿地才具有缓解城镇热岛效应的作用；绿化覆盖率在 50％以上，绿地的绿化、美化、与人工环境的协调效果才能达到最佳境界。通常城镇绿化覆盖率大小受自然条件、城镇规模、城镇性质、城镇总体布局、城镇经济实力和发展历史等因素的影响。

3．城镇绿地定额指标

城镇绿地的定额指标主要由以下三个方面来确定：绿地总面积（hm^2）、绿化覆盖率（%）、人均绿地面积占有量（m^2／人）。通常制定城镇绿地的定额指标，应考虑平均每人的公共绿地面积和绿化覆盖率两方面。

“据 1997 年……远期 50% 略低”内容替换：

《城市用地分类与规划建设用地标准》GB 50137—2011 规定：规划人均公共绿地面积不应小于 8.0 m^2／人。《国家园林城市系列标准》（建城〔2016〕235 号）的《国家园林城市标准》提出人均建设用地小于 105.0 m^2／人的城市人均公共绿地面积不小于 8.0 m^2／人，人均建设用地达到 105.0 m^2／人的城市人均公共绿地面积不小于 9.0 m^2／人；《国家生态园林城市标准》提出人均建设用地小于 105.0 m^2／人的城市人均公共绿地面积不小于 10.0 m^2／人，人均建设用地达到 105.0 m^2／人的城市人均公共绿地面积不小于 12.0 m^2／人；《国家园林县城标准》提出人均公共绿地面积不小于 9.0 m²/人；《全国城市生态保护与建设规划（2015—2020 年）》（建城[2016] 284 号）提出人均公共绿地面积达到 14.6 m²/人。

城市绿化覆盖率是城市各类型绿地绿化垂直投影面积占城市总面积的比率。其高低是衡量城市环境质量及居民生活福利水平的重要指标之一。《国家园林城市系列标准》（建城〔2016〕235 号）中的《国家园林城市标准》的建成区绿地率标准为≥ 31%，各城区绿地率最低值标准为≥ 25%，这二者是针对现阶段城市建设水平的底线要求，编制规划则应进一步提高标准以改善旧城区人居环境。

（三）城镇绿地的规划布局

1. 城镇绿地系统规划布局的原则

（1）与城镇总体布局保持一致，点、线、面结合，均衡分布，形成完整的城镇绿地系统。城镇各类绿地有不同的使用功能，规划布局时应首先考虑与城镇总体布局保持一致，将公共绿地在城镇中均衡分布，并形成系统，做到点（公园、花园、小游园等）、线（街道绿化、江畔滨湖绿带、林荫道等）、面（分布面宽的小块绿地）相结合，使各类绿地连成一个完整的系统，以发挥绿地的最大效用。

（2）与城镇自然环境特点及自身特性相结合，依山就水，因地制宜，富有特色。城镇绿地规划必须根据城镇的地形、地貌、水文等情况，充分利用现有河、湖、山川等水体、山体，创造大面积的绿色开敞地带，为城镇居民提供一个理想的近水、近地和近绿空间。要注意因城而异进行绿化，如北方城镇应注重防风沙和水土保持；南方城镇以遮阳降温为主；工业城镇卫生防护绿地在绿地系统中比较突出；县级市和小城镇一般便于与周围的自然环境、田园风光连接，有些天然绿地甚至深入城区，因此其绿地指标可定得低一些。

（3）公共绿地为主，专用绿地为辅。城镇绿化规划既要贯彻应用于生产部门、企事业单位的方针，更要注重发挥其对城镇环境保护和美化的作用。专用绿地是指隶属于各企事业单位的绿地，由单位投资建设与管理，主要作为单位内部庭院的装点和职员的休憩场所。由于专用绿地不对社会开放，普通城镇居民根本享受不到，特别是有些城镇，高高的围墙将院内的景观遮住，美化城镇景观的作用也较低。相反，公共绿地，包括道路广场绿地、街道庭院绿地、居住区绿地和公园绿地等，是社会性的绿地，每个城镇居民都能享用，应作为城镇绿地的主体，予以重点发展。

2. 各类城镇绿地的规划布置

（1）道路（街道）绿化

道路绿化包括人行道绿化带、防护绿带、基础绿带、分车绿带和公共建筑前的绿化地段、街头休憩绿化、停车场绿化、立体交叉绿化等多种形式。其中，道路旁边的行道树布置极为重要。由于行道树长期生长在路旁，下部根系受到路面和建筑的限制，上部树冠又不断受到尘土和有害气体的危害，因此必须选择生长快、寿命长、耐瘠薄土壤并具有树干挺拔、枝叶茂密、抗灾性强、病虫害少等特性的树种。在宽阔的干道上可选用树干挺拔、冠大的树种；在较窄的街道旁则可选用冠小的树种；在高压线下可选用干矮、树枝开展的树种；在地下水位高或临水道旁应选择耐水湿的树种；在沿海或挡风的街道旁宜选用深根性的树种；南方可选用四季常青、花果兼美的树种。为了避免污染，最好不选用落花、落果、有飞毛的树种。常用的街道绿化树种有华山松、油松、银杏、悬铃木、樟树、槐树、柳树等。行道树的栽植方式应根据街道的不同宽度、方向、性质而定。在一般情况下，可采取单行乔木或两行乔木的栽植方式；街道建筑物与车行道距离很近时，采用单行乔木，栽植带宽度为1.25～2 m，株距为3～6 m；街道旁建筑物与车行道间距大于8 m时，采用两行乔木（品字形），栽植带宽度3.5～5 m，行距大于2 m，株距4～6 m。有时根据需要在局部路段可设置乔、灌木搭配的绿化带。另外，还要考虑行道树与街道上各种工程设施保持一定距离（表6–1–1、表6–1–2）。

表 6-1-1　种植树木与建筑物、构造物、管道水平距离

名称	最小距离（m）	
	至乔木中心	至灌木中心
有窗建筑物外墙	3.0	1.5
无窗建筑物外墙	2.0	1.5
高小于2 m的围墙	1.0	0.75
排水用明沟边缘	1.0	0.5
给水管	1.5	不限

续表

名称	最小距离（m）	
	至乔木中心	至灌木中心
污水管	1.0	不限
路灯电杆	2.0	1.0
铁路中心线	8.0	4.0

表 6-1-2　树木与架空线路的间距

架空线名称	树木枝条与架空线的水平距离（m）	树木枝条与架空线的垂直距离（m）
1 kV 以下电力线	1	1
1～20 kV 电力线	3	3
3.5～110 kV 电力线	4	4
154～220 kV 电力线	5	5
电信明线	2	2
电信架空线	0.5	0.5

（2）居住区绿地

居住区绿地由植物、地面、水面及建筑小品组成，其规划与布局应突出实用功能：一是物质功能，包括遮阳、隔声、改善小气候、净化空气、防风、防尘；二是精神功能，包括美化环境、分隔空间、休闲和儿童游憩。居住区绿地规划布局应遵循三项原则：①可达性原则，居住区绿地要尽可能接近居民，方便居民进入；②功能性原则，突出绿化功能，兼顾休闲功能；③亲和性原则，处理好绿地与各项公共设施的尺度关系，使居民能真正接近绿地，享受绿地。居住区绿化应以植物为主，要考虑人的心理与生理需要，还要处理好多样变化与统一的关系，一方面是布局形式，另一方面是树种选择，既要有变化又要有统一。居住区绿地的布局形式可分为自然式、规则式、混合式，其中规则式又可分为对称式规则式、不对称规则式，混合式则为自然式和规则式的结合。植物配置要达到春色早到、夏可纳凉、秋能挡风、冬不萧条的目的，因此乔、灌木的比例一般为 2 ∶ 1，常绿林与落叶林比例为 3 ∶ 7，并要注意住宅的通风、采光、防尘、隔声、遮阳等因素。一般要做到房间朝南部分种植落叶乔木要离房 5 m；房屋朝北部分选择抗风耐阴的如女贞、夹竹桃、柏等树种，至少距墙 3 m；住宅朝东、西部分，可考虑行植或散植乔木，也可种植攀缘植物，以解决西晒问题。

（3）公共建筑（公共中心区）地带绿化

公共建筑（公共中心区）地带绿化是指对行政中心、商店、邮电、银行、医疗、文娱、学校等部门的专用绿化。这类绿地对建筑艺术和功能上的要求各不相同，其布置形式应结合规划总平面图，同时考虑根据具体条件和功能要求采用集中或分散的布置方式，选择不同的植物种类。如服务业、商店前的布置，应适当留出宽敞的地坪解决人流集散问题；剧院前的绿化，既要考虑遮阴，也要考虑建筑艺术效果，可以适当配置一些乔、灌木，以便于观众逗留和休息；医院、卫生院绿化可配置四季花木和发叶早、落叶迟的乔木，也可种植中草药和具有杀菌作用的植物；行政中心、学校应以生长健壮、病虫害少的乡土树种为主，并结合生产、教学选择管理粗放、能收实效的树种，适当配置点缀性的庭荫树、园景林和花灌木。

（4）防护林带

防护林带具有多种不同防护功能的绿地，其设计和布局根据不同的功能要求进行。防护林带主要包括卫生防护林和防风林。卫生防护林的主要功能是保护生产区免受有害气体、煤烟及尘土的污染。一般布置在两区之间或某些有碍卫生的建筑地段之间，应选用对有害物质抗性强或能吸收有害物质的树种。林带宽度取决于不同等级工业企业对大气污染的程度（表 6–1–3）。距污染源或噪声大的一面应布置半透风式林带，以利于有害物质缓慢透过树林被过滤吸收，在另一面布置不透风式林带，以利于阻滞有害物质，使其不向外扩散。防风林主要是防止强风及其所夹带的粉尘、沙土对城镇的袭击。为了能正确地布置防风林带，必须了解当地的风向规律，确定哪个风向的风对城镇危害最大，就在镇区边界以外建立与盛行风方向相互垂直的防风林带。如果受地形或其他因素限制，可以有 30° 偏角，但不能大于 45° 。实际规划时，必须根据风力大小决定林带的结构和设置数目。

表 6-1-3　卫生防护林带参考表

工业企业等级	卫生防护林地带总宽度（m）	卫生防护地段内林带数量（带）	防护林带	
			宽度（m）	距离（m）
Ⅰ	1 000	3～4	20～50	200～400
Ⅱ	500	2～3	10～30	150～300
Ⅲ	300	1～2	10～30	150～100
Ⅳ	100	1～2	10～20	50
Ⅴ	50	1	10～20	—

第二节　现代城镇环境保护规划

环境与发展已成为当代世界各国关注的重大问题，并引起各国政府的高度重视。随着工业化、城镇化的不断发展，环境问题日益威胁着人类的生存、社会的进步、经济的发展，保护环境、控制污染已成为历史潮流。

一、环境与环境污染

（一）环境的概念和类型

环境是一个应用广泛的名词和术语。它是一个相对于主体而言的客体，它与其主体相互依存，它的内容随着主体的不同而不同。目前，有一个为适应某些方面工作的需要而给“环境”下的定义，大多出现在世界各国颁布的环境保护法规中。如《中华人民共和国环境保护法》中明确规定：“本法所称环境，是指影响人类生存和发展的各种天然的和经过人工改造的自然因素的总体，包括大气、水、海洋、土地、矿藏、森林、草原、湿地、野生动物、自然遗迹、人文遗迹、自然保护区、风景名胜区、城市和乡村等。”这是把环境中应当保护的要素或对象界定为环境的一种工作定义，其目的是从实际工作需要出发，对环境一词的法律适用对象或适用范围做出规定，以保证法律的实施。

环境是一个非常复杂的体系，目前尚未形成统一的分类方法。一般按照下述原则分类。

1. 按环境的主体分

目前有两种体系：一种是以人或人类作为主体，其他的生命物体和非生命物质都被视为环境要素，既环境就指人类生存的环境，或称人类环境，在环境科学中，大多采用这种分类法；另一种是以生物体（界）作为环境的主体，不把人以外的生物看成环境要素，在生态学中，往往采用这种分类法。

2. 按环境范围大小分

这种分类比较简单。如把环境分为特定空间环境（如航空、航天的密封舱环境等）、车间环境（劳动环境）、教室环境（学习环境）、生活区环境（如居室环境、院落环境等）、城镇环境、区域环境（如流域环境、行政区域环境等）、全球环境和星际环境等。

3. 按环境要素分

这种分类较复杂。如按环境要素的属性可分为自然环境和社会环境两类。自然环境按其主要的环境组成要素，可再分为大气环境、水环境、土壤环境、生物环境（如森林环境、草原环境等）、地质环境等。社会环境是人类社会在长期的发展中，为了不断提高人类的物质和文化生活而创造出来的。社会环境常依人类对环境的利用或环境的功能再进行下一级分类，分为聚落环境[如院落环境、村落环境、城镇（市）环境]、生产环境（如工厂环境、农场环境、果园环境等）、交通环境（如机场环境、车站环境等）、文化环境（如学校及文化教育区、文物古迹保护区、风景游览区和自然保护区）等。

（二）环境污染与污染源

一般认为，由于人为的因素，环境的构成或状态发生了变化，与原来的情况相比，扰乱和破坏了生态系统及人们的正常生活条件，称为环境污染。如由于人类的生活和生产活动产生的大量有害物质（主要是工业“三废”）对大气、水质和土壤的污染，超越了它们的自净能力，破坏了固有的生态系统，并达到致害的程度；生物界的生态系统遭到扰乱和破坏；一切无法再生或取代的资源被乱采滥用；由于固体废物、噪声、振动、地面沉降和景观的破坏等造成的对环境的损害等。

环境（污染）问题主要是由于人类生活和生产活动的迅速发展而引起的。按发生的先后和发生机制进行分类，环境问题有原生环境问题和次生环境问题两大类。原生环境问题也叫第一环境问题，它是由自然环境自身变化引起的，没有人为因素或很少有人为因素参与。这一类环境问题是自然诱发的，经过较长时间自然蕴蓄过程之后才发生，或者主要受自然力的操纵，在人已失去控制能力的情况下发生，并使人类社会遭受一定损害。这一类环境问题包括地震、火山活动、滑坡、泥石流、台风、洪水、干旱、自然地球化学异常等。次生环境问题是人类活动作用于周围环境引起的环境问题，也称第二环境问题。此处研究的主要对象是次生环境问题。次生环境问题可分成环境破坏和环境污染与干扰两种类型。环境破坏又称生态破坏，主要指人类的社会活动引起生态退化及由此而衍生的有关环境效应，它们导致了环境（生态系统）结构与功能的变化，对人类的生存与发展产生不利影响。其表现形式多种多样，按对象性质可分为两类：一类是生物环境破坏，如因过度砍伐引起森林覆盖率锐减，过度放牧引起草原退化，滥肆捕杀引致许多动物物种濒临灭绝等；另一类是非生物环境破坏，如盲目占地造成耕地面积减少，毁林开荒造成水土流失和沙漠化，地下水过度开采造成地下水漏斗、地面下沉，其他不合理开发利用造成地质结构破坏、地貌景观破坏等。我国大部分地区不同程度地存在着环境破坏问题。另外，由于人类的活动，特别是工业的发展，工业生产排出的废物和余能进入环境，带来了次生环境问题的另一类型，即环境的污染与干扰。在通常情况下，环境污染主要是指人类活动导致环境质量的下降。在实际工作中，判断环境是否被污染或被污染的程度，是以环境质量标准为尺度的。环境污染类型的划分也因目的、角度不同而不同，如按污染物性质可分为生物污染、化学污染和物理污染，按环境要素可分为大气污染、水污染、土壤污染、放射污染等，其他还可以按污染产生的原因、污染范围等进行不同的分类。环境干扰是指人类活动排出的能量进入环境，达到一定的程度，对人类产生不良的影响。环境干扰包括噪声、振动、电磁波干扰、热干扰等。环境干扰也是一种污染，是由能量产生的，是物理问题，当污染源停止作用后，污染也就立即消失了。

污染源是造成环境污染的污染物的发生源，通常是指向环境排放有害物质或对环境产生有害影响的场所、设备和装置的总称。按造成环境污染的原因，可把污染源分为天然污染源和人为污染源。顾名思义，天然污染源指的就是自然界本身能够不受外界人工控制就自发将污染源向外排出，以对外界环境造成一定污染，喷发的火山就属于这类。而人为污染源，指的则是主要由人类主导的社会行为活动所导致的环境污染问题，这也是世界环境污染防治研究所主要需要控制的影响因素和主要对象。

（三）城镇环境与环境污染

1．城镇环境的特征

城镇环境是人类开发利用自然资源创造出来的人工生态环境。它以人口、建筑的高度密集及资源、能源的高消耗为特征。由于人类活动对城镇环境造成各种影响，城镇环境表现出如下明显的特征。

（1）城镇环境是受到人类干预程度最深的环境之一。由于城镇聚集着相当数量的人口，并且是社会经济活动最频繁的地方，因此城镇也是人类对自然环境影响最大、自然环境变化最剧烈的地区。

（2）城镇环境质量受城镇的性质与规模的影响。城镇的性质是指一个城镇在一定区域范围的政策、文化、经济生活中所担负的功能和作用。城镇的性质决定城镇环境质量。一般来讲，工业城镇及矿业城镇的环境污染都比较严重，其污染状况与城镇的工业结构规模及技术先进性有关。城镇规模包括城镇的人口规模与用地规模，由于用地规模受制于人口规模，所以通常以人口规模表示城镇规模。通常情况下，随着人口规模的增大，城镇聚集经济效益呈上升趋势，当人口规模超过一定值时，城镇的生态环境和资源、能源问题日益加剧，聚集生态环境效益呈下降趋势，从而使城镇聚集经济效益受到影响。

因此，城镇的社会经济发展状况与城镇环境的质量密不可分。城镇是一个由社会、经济和环境三要素构成的复杂人工生态系统，这些要素之间的发展和互动相互依存和相互作用。为了促进经济发展和满足人们的精神及物质需求，社会就需要对环境进行开发，但同时也必须采取措施保护环境，以便更加有效地利用资源。人类社会所依赖的自然资源构成了环境，因而环境问题实际上就是经济问题，二者密不可分。

（3）城镇的环境污染为复合污染，且相互联结。我国农村的环境污染主要是耕地污染和水体污染，与农村相比，城镇的环境污染为农村少有的大气污染、噪声污染、固体废物污染及工业废水、生活污水排放所引起的复合污染。城镇中的气体、水体、固体、噪声污染不是相互独立的，而是相互影响的。如固体废物投入水体，污染水质，直接影响和危害水生生物的生存和水资源的利用。

(4) 城镇的环境压力没有边界。城镇环境压力不仅来源于城镇内部形成的环境污染，还受到城镇外部有碍于环境治理的诸因素的侵袭。如气流输送酸雨，酸雨通过气流远程输送到城镇已成为世界城镇中的普遍现象；河流输送污水、国际贸易输入固体有害物质等对城镇环境造成环境压力。

(5) 调整人类行为可以有效改善城镇环境问题。经研究发现，城市环境方面出现的问题多是由人类活动所致，因而只要我们管理得当，调整人类需求和行为准则，就可以将城市环境的不良状态彻底改变，使之变得宜人、安宁、适合人类永久居住的生态环境。

2. 城镇环境污染的形式与表现

(1) 城镇环境污染的形式

从性质角度来看，我们可以将城镇环境污染的形成原因分为以下五个大类。

①大气污染：主要是表现在空气中的有毒物质积累上，如二氧化硫、粉尘和一氧化碳等都是十分常见的大气污染物。

②水体污染：主要是指地下水和地表水的污染，主要表现就是水体沉积有毒物质及水质恶化。我们在生活中最常见的水体污染有两类：工业废水污染和生活污水污染。

③固体废物污染：这类污染主要是由于人类对于生活固体垃圾和工业废渣没有进行正确合理的处理，只是简单地选择将其遗弃在环境之中，这样对于生态环境而言自然是无益的。

④噪声污染：主要指的就是不同强度和频率的声音无规则地组合在一起，这样长此以往不仅对人体健康无益，同样对人的心理健康也会造成影响。在现如今的现代化都市生活中，我们主要面对的噪声污染类型有交通噪声、工业噪声和生活噪声等。

⑤热岛效应：所谓“热岛效应”，主要指的就是大量能源使用与浪费所造成的城镇空间范围内温度升高的一类现象，周边的乡村及郊区相比，城镇中心就仿佛“热岛”一般。而这所带来的影响不仅是环境温度的升高，同时还会导致大气污染物难以扩散和稀释，这样城镇中心的污染程度会不断加剧，以致到难以挽回的结果。

（2）城镇环境污染的表现

现如今，我国的城镇生态环境状况不容乐观，尤其是环境污染问题已经相当严重，可以主要从以下五个方面展开具体论述。

①大气污染严重：随着时间的推移，我国城镇和工矿区由于过度使用煤炭，导致大气中的污染物越来越多，加剧了大气污染的程度，酸雨等恶劣天气也随之而来。随着二氧化硫的大量排放，酸雨的危害不断扩展。20 世纪 90 年代以来，酸雨在空间上逐渐呈现出由南向北不断加重的趋势，并且形成了以城镇为中心的多中心分布模式。

②水质恶化：我国城镇沿江沿河地区的水质恶化，这主要是源自工业企业排放的废水，尤其是含有有毒化学物质和重金属的废水，其污染程度尤为严重。

③固体废弃物处理利用率较低：目前我国工业固体废弃物资源化利用水平有了一定提升，但处理和利用率较低。

④噪声污染仍有增无减：我国城镇噪声污染的主要污染源是生活噪声、交通噪声、工业噪声。

⑤现代都市新公害视觉污染：视觉污染是一种新型城市污染，它是由城市建筑缺乏美感、规划和布局不合理、色彩不协调，以及雕塑缺乏美感等因素引起的。除此之外，城市中路标、广告牌、电线和电话线等缺乏条理性，使得城市中的这种污染加剧。随着时间的推移，这种污染形式在城市化进程中越来越引人关注。视觉污染会对视觉有刺激作用，使人感到不适和不愉快，这会使人情绪烦躁，郁结不舒，甚至影响心理健康。

二、城镇环境保护与环境污染综合防治规划

（一）城镇环境保护

（1）环境保护是我国的一项基本国策，其基本原则包括“三十二字”和“三同步、三统一”方针。从本质上来看，环境保护就是一种人类活动，而这种活动是需要人们在充分了解和深入研究过现代环境科学知识的前提下来完成的，同时要不断在实践过程中积累经验，以此来维持人与自然的和谐关系。通过这类人类活动，现实中的各类城镇污染问题才能够得到有效缓解，使得生态环境能够以一

种较为良好的状态一直持续发展下去，为人类服务。1973 年开始，我国政府正式将环境保护列为重要议题。1973 年 8 月，在北京召开了第一次全国环境保护会议。在这次会议中，我国颁布了《关于保护和改善环境的若干规定（试行草案)》，其中提出了一个包括 32 个字的指导方针，即“全面规划，合理布局，综合利用，化害为利，依靠群众，大家动手，保护环境，造福人民”。《中华人民共和国环境保护法（试行)》获得第五届全国人民代表大会常务委员会第十一次会议与会人员的一致通过，并在 1979 年 9 月正式颁布实施。1983 年 12 月，第二次全国环境保护会议在北京召开。会议强调，环境保护是我国应长期坚持的基本国策之一，同时确立了经济、城乡和环境建设在规划、实施和发展方面需要同步协调的原则。会议决定了一项重大战略方针，即实现经济、社会和环境效益和谐发展，并明确将环境管理放在环境保护的核心地位。随后，我国于 1989 年召开了第三次全国环境保护会议，在会上提出了八个环境管理制度：“三同时”制度、环境影响评价制度、排污收费政策、环境保护目标责任制、城市环境综合整治定量考核、污染集中控制制度、排污许可证制度、限期治理污染制度。这些制度加强了对环境工作的管理。1996 年 8 月，国务院颁布了《国务院关于环境保护若干问题的决定》(以下简称《决定》)。此决定规定了工业污染排放的标准和环境保护的重点，同时明确了各级领导应承担的环境责任和实施的十项环保措施。这些举措的出台，为保护环境，减少污染提供了有力的法规依据。此外，《决定》还推出了两项重大举措，分别是《“九五”期间全国主要污染物的排放总量控制计划》和《中国跨世纪绿色工程规划》。2011 年 12 月，第七次全国环境保护大会在北京召开。会议强调要把环境保护作为转型发展和改善民生的一件大事来抓，加强组织领导，齐心协力，共同做好各项工作。要用改革的思路、创新的办法来破解难题，健全有利于节约资源保护环境的体制机制。要严格落实环境保护目标责任，完善经济政策，推进改革创新，强化环境法治，加强科技支撑，动员全民参与。2018 年 5 月召开了第八次全国生态环境保护大会。习近平主席指出，新时代推进生态文明建设，必须坚持好人与自然和谐共生、绿水青山就是金山银山、良好生态环境是最普惠的民生福祉、山水林田湖草是生命共同体、用最严格制度最严密法治保护生态环境、共谋全球生态文明建设等六大原则。①

① 华夏时报．历史最强音！第八次全国生态环境保护大会召开[R/OL].（2018—05—19）[2023—02—15].https：//baijiahao.baidu.com/s?id=1600900691253368122&wfr=spider&for=pc.

（2）通过调节城市生态系统，实现城市可持续发展与环境保护之间良好的平衡关系。城镇环境和城镇可持续发展息息相关，为了实现城镇可持续发展，必须重视城镇环境保护工作。维护和改善城镇的自然生态环境是实现城镇可持续发展的关键。城镇环境保护与城镇可持续发展息息相关。环境问题源于经济活动，而解决这些问题的方法也必须落实在经济活动中。

调控城镇生态系统、调节城镇发展与城镇环境保护的工作内容很多，关键是做好以下主要工作：①科学确定城镇发展的性质和规模；②合理进行城镇布局和规划，主要包括城镇的分布规划、城镇经济结构的协调、城镇功能分区、工业布局与工业区规划及合理利用土地、保持适宜密度等；③加强绿化系统和环卫设施等城镇环境基础设施建设；④强化城镇环境管理。

（3）应重视对城镇环境质量的评估，以便为环境规划和综合治理提供可靠的科学依据。环境质量程度反映了环境要素（包括水体、大气、土壤、生物等）受到污染的威胁和影响程度。通常情况下，在评估环境污染的程度时，我们会考虑国家设定的环境质量标准或是环境中污染物的普遍存在水平并以此作为衡量依据。城镇环境质量评估是通过特定原则和技巧，根据不同目的的要求，对城镇及其周边环境中各要素的质量或综合质量进行分类或归类，根据空间范围内的污染特性和程度，对污染区域进行划分。总而言之，环境质量评估能够客观地展现环境质量方面的现存问题，为城镇环境的规划和管理、区域环境污染的整体控制提供科学而精准的依据。

环境质量评价的内容很广泛，从时间上来划分，环境质量评价可划分为三种类型，即环境质量回顾评价、环境质量现状评价和环境质量预断评价。其中，环境质量现状评价较普遍，对小城镇来说，其环境质量评价主要包括：污染源调查与评价、污染物的监测、环境质量的综合评价、环境背景值的调查、污染物模拟实验、人体健康和环境质量关系、建立环境污染数字模式、环境预测研究、提出区域环境污染综合防治意见等。

（二）城镇环境污染综合防治

1. 城镇环境污染与控制

城镇环境污染是指城镇中某些物质的含量超过了正常的含量，对人体、动植物体产生不良影响。了解城镇环境污染控制的方法与措施，对于维护城镇生态平衡、促进城镇经济与社会的协调发展，具有十分重要的意义。

（1）城镇大气污染与控制

大气污染源是造成大气污染的发生源，通常是指向大气排放有害物质、对大气产生有害影响的场所、设备和装置的总称。目前被人们注意或已经对环境产生危害的大气污染物有100种左右，其中影响范围广、具有普遍性的污染物有颗粒物质、二氧化碳、氮氧化物、硫化物、碳氢化合物等。我国城镇空气污染控制主要包括建设和巩固城镇烟尘控制、汽车尾气污染控制、工业粉尘处理和酸雨防治。

（2）城镇水体污染及其治理

顾名思义，水体污染的成因就是污染物被排放进水体（地下水、海洋、湖泊等）中，对水体水质和其中的生物群落、沉积物等造成较大的影响，最终导致水体本身的服务和使用功能效用大大降低。所谓水体污染源，指的是造成水体污染的因素，通常指的是具有排放废水功能的一切设备、装置和场所等。城镇水污染治理主要包括对城镇工业废水排放实行总量控制；完善城镇下水道管网，兴修污水处理厂；充分利用江河、湖泊和海洋的自净能力；充分利用城镇的污水资源，包括合理利用城镇污水灌溉农田。

（3）城镇噪声干扰及其控制

在人类所处的环境中存在各种各样的声波，其中的一些具备传播信息、促进社交交流的功能，这些声波对于人类的生活而言是必不可少的。其中，噪声是一种会干扰人们工作和休息，甚至威胁人体健康的声音。噪声包括机器的嗡鸣声、车辆的引擎声、汽车喇叭的鸣叫声、人们的吵闹声，以及各种意外声响等。城市环境噪声管理控制的关键在于建立符合标准的安静区域，以达到降低城市交通、工业生产和建筑施工等方面噪声污染的目的。

（4）城镇固体废物污染及其处理

固体废（弃）物一般是指被丢弃的固体或泥状物质，从废水、废气中分离出来的固体颗粒等，也称固体废物。城镇固体废物污染控制主要包括对城镇生活垃圾的处理、工业固体废物处理及加强对危险废物的管理和合理处理。

此外，城镇其他污染及其防治还包括热温、电磁辐射、放射性物质等。

2. 开展城镇环境综合整治

经过长期的探索与实践，我国制定了“预防为主”“谁污染，谁治理”（1999

年调整为“谁污染，谁付费”）以及强化环境监督管理的三大环境保护的基本政策。这三大基本政策是开展城镇环境综合整治的根本保障。

治理城镇“四害”是城市环境综合整治的首要任务。城镇环境综合整治主要是集中在基础设施建设和工业污染防治这两个层面上，其中尤其需要重点关注的是烟尘污染，为提升空气质量，我国政府开始在国内推行使用连片采暖和集中供热，同时针对水污染情况对污水进行分流、截留和集中处理等，以实现最大限度地回收及利用处理后的水资源。另外，还有积极推行固体废弃物和生活垃圾的综合利用和无害处理，采取措施控制工业和交通产生的噪声污染。

另外，为了强化环境监督管理，要严格执行城镇环境综合整治定量考核制度，不仅使城镇环境综合整治工作定量化、规模化，而且还增加了透明度，引进了社会监督机制。

3. 城镇环境污染综合防治的目标与城镇生态环境指标体系

城镇环境污染的综合防治应确定明确的目标。实际工作中应根据城镇的性质和规模等因素建立相应的具体目标体系，其根本目的在于保护城镇生态环境。要满足保护城镇生态环境的要求，就必须满足城镇生态环境指标参数的要求。在具体工作中，应参照国家标准，确定城镇生态环境指标参数值。目前通常采用的城镇生态环境指标体系包括以下三方面的指标参数。

（1）环境质量指标参数

城镇大气总悬浮颗粒物总量 TSP（mg/m^3）；大气中气态污染物 SO_2 浓度（mg/m^3）；地面（表）水有机物 COD 浓度（mg/m^3）；城镇区域环境噪声平均值 LAeq，LT[dB（A）]；城镇交通干线噪声平均值 LAeq.T[dB（A）]。

（2）污染控制指标参数

工业废水处理率（%）；烟尘控制区覆盖率（%）；工业废气排放达标率（%）；汽车尾气达标率（%）。

（3）环境建设指标参数

饮用水源水质合格率（%）；民用型煤气普及率（%）；城镇煤气化率（%）；城镇绿化覆盖率（%）。

第七章　现代城镇规划管理与实施

城镇规划在城镇建设发展和管理中处于重要地位。正如人们常说的“三分规划，七分管理”，城镇规划管理在城镇规划、建设、管理中的地位与作用也是非常明显的。本章主要讲述了现代城镇规划的编制管理、现代城镇规划的审批管理、现代城镇规划的实施管理三个方面的内容。

第一节　现代城镇规划的编制管理

一、城镇规划的编制原则

（一）城镇规划的类型

（1）城镇规划按照管辖范围和行政等级划分，可以分为全国城镇规划、省域（或自治区域、直辖市）城镇规划、市域（包括其他市级行政单元）城镇规划等。

（2）从实际需要的角度出发，还可以由共同的上级人民政府组织编制跨行政区域的城镇规划。

（3）随着城镇规划理念的更新和实践方式的不断创新，一些新的城镇规划类型在这个过程中不断衍生出来，如城镇群规划和都市圈规划等。

（二）城镇规划编制的基本原则

城镇规划归根结底是一个综合性的多方位、多目标规划，牵涉到经济、社会等各个领域，不仅关乎不同空间维度，还与多个专业领域有关。因此，在进行城镇规划阶段必须优先考虑促进社会、经济和环境的长期协调发展原则，同时确保空间的整体协调发展也是我们必须要遵循的一大规划原则。

1. 因地制宜的原则

城镇规划既要与国家的经济、社会发展目标和政策相一致，也要符合相关法定规划，如国土规划和土地利用总体规划，并保持协调。除此之外，还需要考虑到当地的实际情况和城镇发展的特征，确保规划方案的可行性。

2. 经济社会发展与城镇化战略互相促进的原则

城镇化和经济社会发展相互依存，后者为前者提供基础，而前者则为后者提供巨大推动力。因此，在城镇规划中，必须密切结合产业布局、资源开发、人口迁移等城镇化进程相关因素，将经济社会发展策略与城镇规划融为一体。另外，城镇化策略还应该聚焦于经济效益的提升，充分利用中心城市和关键城镇的影响力，刺激周边地区的经济增长。

3. 区域空间整体协调发展的原则

通过合理规划地理位置和布局，我们可以处理不同类型空间开发中的问题分歧，并促进不同空间的协调配合。从整体角度来看，这样做能够实现整体效益优于单个部分的规划目标。协调城镇规模、发展方向和基础设施布局等方面的异议，有助于促进城乡和产业之间的协调发展，避免重复建设，推动整个地区实现更高效的发展。中心城市在区域发展中扮演着核心角色，城市规划应该充分利用其自身的辐射效应，促进周边地区的发展，从而达到促进区域协调优化发展的目标。

4. 可持续发展的原则

实现区域可持续发展的核心是要平衡各方利益，即在进行经济发展的同时，要考虑到当地和整体的利益、短期和长期的利益。我们需要同时重视自然资源的可持续性和生态环境的承受能力，既要实现促进经济增长的城镇规划目标，又要确保自然资源能够得到合理利用，以维持生态环境的健康发展。城镇规划需要综合考虑人口、资源、环境等多方面因素，将规划重点放在自然和人文景观的保护层面上，以实现经济的可持续发展，进而建立可持续发展的空间布局框架。

二、城镇规划的编制内容

（一）全国城镇规划编制的主要内容

依据《中华人民共和国城乡规划法》，国务院城乡规划主管部门负责主持编制全国城镇规划，协调全国城镇的发展以及实现跨区域的城镇建设协同推进工作。全国城镇规划是一项国家法定规划，旨在协调全国城镇的发展和空间布局。它为制定城镇化政策和引导城镇化可持续发展提供了重要依据，并为省域城镇规划和城镇总体规划的编制、审批奠定了基础。全国城镇规划的实施有助于强化中央政府对城镇发展的宏观调控，同时覆盖了城镇社会、经济等多方面内容，以确保城镇作为主要空间载体的发展得以顺利进行。因而，可以认为全国城镇规划便是国家尺度下的空间规划。

由此，我们将全国城镇规划的主要内容概括如下：

1. 明确国家城镇化的总体战略与分期目标

基于科学发展观理念，我们要按照以人为中心、全面协调和可持续原则，有序地推动城镇化进程。在这个过程中，要循序渐进、节约土地、集约发展并合理布局，确保城镇化能健康有序地推进。根据城镇发展的多阶段性制定相应的城镇化目标和重点规划，并与国家中长期规划相一致，以确保其实现可持续发展。

2. 确立国家城镇化的道路与差别化战略

鉴于我国城镇化的发展现状，应当将城镇发展纳入国家重点规划项目和内容之中，以加强国家的整体竞争力。同时，我们需要在多种资源和环境要素的适宜承载程度上分析城镇发展的可能性。针对此情况，我们需要设计不同的城镇化策略，以便适应不同地区的差异化需求。

3. 规划全国城镇的总体空间格局

制定全国城镇的整体规划，考虑产业发展、资源环境和人口迁移等多项因素，针对不同的省份或区域特征，提出有差异的空间发展指引和控制要求，并给出引导性建议，以促进整个国家城镇和乡村空间的重新组合和多层次发展。

4. 构架全国重大基础设施支撑系统

根据城镇化的总体目标，对交通、能源、环境等支撑城镇发展的基础条件进行规划。尤其要关注自然生态系统的保护，它们事实上也是国家空间总体健康、可持续发展的重要支撑。

5. 特定与重点地区的规划

在我国一些重要区域，如重点城镇群、跨省城镇发展协调地区、重要江河流域、湖泊地区和海岸带等，它们对于国家的竞争力、区域发展和资源保护是具有重要战略意义的。对于这些区域的规划做出正确决策，可以提升国家在国际竞争中的地位和影响力，同时也可以促进区域的协调发展和保护资源的可持续利用。为了推进全国城镇规划的实施，政府可以协调编制各地区的城镇发展规划以及重要流域和湖泊的区域城镇给排水规划等。全国城镇规划应当具有法定功能，负责指导各省份城镇规划和城镇总体规划的制定工作。

（二）省域城镇规划编制的主要内容

省域城镇规划在各省、自治区的经济社会发展目标和战略中扮演着重要角色。制定规划能够帮助省、自治区政府实现经济社会发展目标，促进区域城镇化和城镇合理发展，化解城镇间的发展矛盾和问题，科学规划空间资源，避免重复建设。另外，规划也可以为各城镇制定整体规划提供重要的引导。同时，省域城镇规划也是贯彻国家总体发展战略的举措，是中央政府所依据的关键措施和依据，旨在调控各省区城镇化和城镇发展、合理规划空间资源。

1. 编制省域城镇规划时的原则

（1）与全国城镇发展政策一致并遵循全国城镇规划，与国土规划、土地利用总体规划等其他法律规划保持协调。

（2）协调区域内各城镇的城镇规模、发展方向和基础设施布局，有益于促进城乡间和产业间的协调发展，避免重复建设，解决矛盾问题。

（3）考虑到水、土地资源和环境对农业发展的制约影响，必须遵守国家关于可持续发展的战略要求，并且实施保护耕地的方针。

（4）确保与周边省（自治区，直辖市）的发展保持一致。

需要确定符合省、自治区政府职责的省域城镇规划，明确本省、自治区城镇发展战略。重点关注城镇发展的重要地区、基础设施建设、生态保护和资源管理的需求。为了明确重点地区和项目，需要省、自治区政府加强协调，特别是那些分布在不同市县之间、城镇较为密集的区域。在协商过程中，必须确立明确的指导原则、准则和策略。为省、自治区政府提供依据，审核城市总体规划、县域城镇规划及基础设施建设计划。根据省域城镇规划的实施需要和已批准的规划，省、自治区政府可以组织制定城镇发展布局规划，涵盖城镇密集地区、重点资源和生态环境保护区域，以及其他地区，并进一步补充、完善省域城镇规划的各项要求。

2. 省域城镇规划的核心内容

（1）制定全省（自治区）城镇化和城镇发展战略，包括确定城镇化方针和目标，确定城镇发展战略与总体布局。

（2）确定区域城镇发展用地规模的控制目标。省域城镇规划应依据区域城镇发展战略，参照相关专业规划，对省域内城镇发展用地的总规模和空间分布的总趋势提出控制目标；并结合区域开发管制区划，根据各地区的土地资源条件和省域经济社会发展的总体部署，确定不同地区、不同类型城镇用地控制的指标和相应的引导措施。

（3）协调和部署影响省域城镇化与城镇发展的全局性和整体性事项，包括确定不同地区、不同类型城市发展的原则性要求，统筹区域性基础设施和社会设施的空间布局和开发时序；确定需要重点调控的地区。

（4）确定乡村地区非农产业布局和居民点建设的原则，包括确定农村剩余劳动力转化的途径和引导措施，提出农村居民点和乡镇企业建设与发展的空间布局原则，明确各级、各类城镇与周围乡村地区基础设施统筹规划和协调建设的基本要求。

（5）确定区域开发管制区划。从引导和控制区域开发建设活动的目的出发，依据区域城镇发展战略，综合考虑空间资源保护、生态环境保护和可持续发展的要求，确定规划中应优先发展和鼓励发展的地区，需要严格保护和控制开发的地区，以及有条件许可开发的地区，并分别提出开发的标准和控制的措施，作为政府进行开发管理的依据。

（6）按照规划提出的城镇化与城镇发展战略和整体部署，充分利用产业政策、税收和金融政策、土地开发政策等政策手段，制定相应的调控政策和措施，引导人口有序流动，促进经济活动和建设活动健康、合理、有序的发展。

（三）市域城镇规划编制的主要内容

为保证在制定城镇总体规划的过程中协调市域范围内的城镇布局和空间规划，同时为贯彻国家政府下发的城乡统筹要求，我们应该对市域城镇规划予以一定的重视。作为城镇总体规划的一部分，我们编制市域城镇规划的目的可以概括如下：①贯彻城镇化和城镇现代化发展战略，确定与城镇社会经济发展相协调的城镇化发展途径和城镇网络。②明确市域及各级城镇的功能定位，优化产业结构和布局，对开发建设活动提出鼓励或限制的措施。③统筹安排和合理布局基础设施，实现区域基础设施的互利共享和有效利用。④通过不同空间职能分类和管制要求，优化空间布局结构，协调城乡发展，促进各类用地的空间集聚。

依据《城市规划编制办法》，市域城镇规划的具体内容可以概括如下。

（1）提出市域城乡统筹的发展战略。其中，位于人口、经济、建设高度聚集的城镇密集地区的中心城市，应当根据需要提出与相邻行政区域在空间发展布局、重大基础设施和公共服务设施建设、生态环境保护、城乡统筹发展等方面进行协调的建议。

（2）确定生态环境、土地和水资源、能源、自然和历史文化遗产等方面的保护与利用的综合目标和要求，提出空间管制原则和措施。

（3）预测市域总人口及城镇化水平，确定各城镇人口规模、职能分工、空间布局和建设标准。

（4）提出重点城镇的发展定位、用地规模和建设用地控制范围。

（5）确定市城交通发展策略，原则确定市域交通、通信、能源、供水、排水、防洪、垃圾处理等重大基础设施、重要社会服务设施的布局。

（6）在城市行政管辖范围内，根据城市建设、发展和资源管理的需要，划定城市规划区。

（7）提出实施规划的措施和有关建议。

（四）城镇规划的强制性内容

依据《城市规划强制性内容暂行规定》和《城市规划编制办法》，城镇规划的强制性内容可以概括如下。

（1）区域内必须控制开发的区域。包括自然保护区、退耕还林（草）地区、大型湖泊、水源保护区、分滞洪地区、基本农田保护区、地下矿产资源分布地区，以及其他生态敏感区等。

（2）区域内的区域性重大基础设施的布局。包括高速公路、干线公路、铁路、港口、机场、区域性电厂和高压输电网、天然气门站、天然气主干管、区域性防洪、滞洪骨干工程、水利枢纽工程、区域引水工程等。

（3）涉及相邻城市、地区的重大基础设施布局。包括取水口、污水排放口、垃圾处理厂等。

第二节 现代城镇规划的审批管理

一、城镇规划审批的目的

根据《中华人民共和国城乡规划法》（以下简称《城乡规划法》）等规定，城镇规划编制完成后，应由城镇规划组织编制单位按照法定程序向法定的规划审批机关提出规划报批申请，法定审批机关按照法定程序审核批准城镇规划。城镇规划审批的目的如下。

（1）赋予经审核批准规划的法律效力。根据我国城乡建设的有关法律法规，编制完成的城镇规划只有按法定程序报经批准后，才有法律效力，才能成为社会共同遵守的行为准则和行为规范。

（2）提高城镇规划编制质量，确保规划的科学性、合理性、规范性和可操作性。城镇规划审批管理本身是对城镇规划编制的质量进行监督检查和合格验收过程，也是对城镇性质、人口用地规模、发展方向、社会经济发展目标、基础设施建设和生态环境保护等是否符合客观规律进行决策的过程，也是对城镇规划的相关问题、各方面权益和各部门意见的协调过程。

按照小城镇规划审批法定程序，上报审批前一般都要先经专家评审，一般由上级主管部门组织召开成果专家评审会和成果审查会后再上报审批。重要的城镇详细规划也要经专家评审会审查再上报审批，同时报送前还要充分征求社会公众和有关单位的意见。因此，城镇规划审批也是组织专家对规划进行评审和科学论证，对规划编制质量进行技术把关，以及公众参与、规划公布和信息反馈，确保规划的科学性、合理性、规范性、操作性的过程。

（3）保证城镇规划实施过程能适应城镇社会经济发展变化的需要。城镇规划可以根据城镇的社会经济发展变化需要做出调整和变更，并经法定程序和规定审查批准，从而保证规划实施能符合城镇社会、经济发展变化的情况，更好地实现城镇规划的社会经济发展目标。

二、小城镇规划的分级审批

根据《城乡规划法》等法规的相关规定，城镇规划实行分级审批。

（一）与城镇相关的城镇体系规划审批

（1）全国城镇体系规划，由国务院城市规划行政主管部门报国务院审批。

（2）省域城镇体系规划，由省或自治区人民政府报经国务院同意后，由国务院城市规划行政主管部门批复。

市域、县域城镇体系规划纳入城市和县级人民政府驻地镇的总体规划，依据《城乡规划法》实行分级审批。

跨行政区域的城镇体系规划，报有关地区的共同上一级人民政府审批。

（二）城镇总体规划的审批

（1）县级人民政府所在地镇的总体规划，报所在地省、自治区、直辖市人民政府审批，其中市管辖的县级人民政府所在地镇的总体规划，报市人民政府审批。

（2）县级人民政府所在地镇以外县（市）管辖城镇总体规划报县（市）人民政府批准。

城镇总体规划的局部调整应当报县镇人民政府同等级的人民代表大会常务委员会和原批准机关备案，这都是为满足城镇经济和社会发展的需求而进行的。同时，调整后的规划不得改变原有的意义和基本原则。城镇的总体规划如若涉及其性质、规模、发展方向和布局的重大变更，必须先经同级人大常委会审查同意，然后再提交原批准机关审批。

（3）城镇镇域规划纳入所在城镇的总体规划，按城镇总体规划审批。

（三）城镇详细规划的审批

（1）县级人民政府所在地镇的详细规划由县级人民政府审批。

（2）县（市）级人民政府所在地以外的城镇详细规划由县（市）人民政府城乡规划行政主管部门审批。

三、城镇规划审批程序

（1）成果审查。

（2）上报审批。

城镇规划按不同规划实行分级审批，不同规划因审批内容、要求和主体不同，而审批程序不尽相同。

（一）城镇总体规划审批程序

1. 审查报批条件

城镇总体规划向审批机关报请审批时，组织规划编制的人民政府规划行政主管部门应首先审查报批的规划成果是否符合报批条件。审查报批的规划成果包括总体规划文件和主要图纸（县级人民政府所在地镇总体规划报批成果含县域城镇体系规划文件和主要图纸成果），其中规划文本作为向上级审批机关提交的规划审批报告。

2. 论证评审规划成果

经审查符合报批条件的城镇总体规划成果，可进入论证评审规划成果程序。

县人民政府所在地镇的总体规划（含县域城镇体系规划），由上级主管部门组织，县人民政府或政府的城乡规划行政主管部门负责，会同专家和县有关方面的各行政主管部门召开成果专家评审会和成果审查会，按有关政策法规和标准规范对规划成果进行论证评审，并将有关论证、评审意见报请县人民政府审核。

县人民政府所在地镇以外的其他建制镇总体规划（含镇域村镇体系规划），由县人民政府城乡规划行政主管部门组织，镇人民政府负责，会同专家和有关方面各主管部门召开成果专家评审会和成果审查会，按有关政策法规和标准规范对规划成果进行论证评审，并将有关论证评审意见报请镇人民政府审核。

3. 政府组织审核

县人民政府组织更大范围审核，对县人民政府所在地镇的总体规划提出修改意见，规划成果经修改、审核后通过。

县人民政府所在地以外其他建制镇的总体规划和详细规划，由镇人民政府组织更大范围的审核，经修改、审核后通过。

4. 报请人民代表大会或其常务委员会审议

县人民政府所在地镇的总体规划，在县级人民政府向上级人民政府报请审批前须经县人民代表大会或者其常务委员会审议。

县人民政府所在地以外的其他建制镇总体规划，由镇人民政府报请县人民政府审批前须经镇人民代表大会或者其常务委员会审议。

5. 批准城镇总体规划

县、镇人民政府按法定程序上报有权审批城镇总体规划的上级人民政府批准小城镇总体规划。

6. 公布批准的城镇总体规划

城镇总体规划一经批准，即由县、镇人民政府采用适当方式予以公布，并付诸实施。

城镇总体规划公布应删去需要保密的内容。

（二）城镇详细规划审批程序

1. 审查报批条件

在进行城镇详细规划的审批流程时，我们首先应当注意的就是规划成果是否符合报批条件，而这是由人民政府规划行政主管机构和规划委托方进行确认的。审查报批的规划成果主要包括：控制性详细规划，如规划文本、规划说明书和规划图纸；修建性详细规划，如规划设计说明书和规划图纸。

2. 评议会审规划成果

由县（市）人民政府城乡规划行政主管部门组织，由城镇人民政府或其他规划编制委托方负责，召开规划涉及的相关管理部门和单位共同参加的成果汇报会，对规划成果进行协调评审。对其中重要的控制性详细规划召开专家评审会，对规划成果进行论证评审，提出评审意见，尚需修改的，由组织编制部门会同规划设计单位进行修改，直至达到要求。

3. 批准规划

县（市）人民政府或其规划行政主管部门根据相关法律、法规以及各部门的会审和专家论证评审意见进行审查批准。对于一些城镇用地项目建设敏感的规划设计，宜在规划批准前以召开座谈会或征求书面意见的形式，充分听取规划建设所在地区的单位和民众的意见，积极稳妥推进规划编制和审批管理的公众参与，提前解决一些难处理的规划审批问题，确保规划审批的公正、公开。

4. 公布批准的规划

县城镇和县城镇以外的详细规划经县（市）人民政府或其规划行政主管部门批准后，由镇人民政府采用适当形式公布批准的规划，接受公众对规划实施的监督。

规划的公布内容可以是全部内容，也可以是部分主要内容。

第三节　现代城镇规划的实施管理

一、城镇规划实施管理

所谓城市规划的实施管理，是遵循法定程序编制和批准城市规划，按照国家和政府颁布的法规以及相关规定，采用多种管理方法，包括法治、社会、经济、行政和科学的方法，对城市的用地和建设活动进行统一安排和控制，引导和协调城市建设有序、有计划地发展，以确保城市规划得以有效实施。

（一）依法行政的管理

利用行政管理手段以推动城镇政府在城市发展规划建设方面落实其意愿和目标，使得主管部门能够有效承担城市规划及实施管理方面的重要职责，并按照法律行使城市规划和管理的权力，对违法用地和违法建设行为及时制止和依法进行行政处罚，实现有法必依、执法必严、违法必究，依法维护城镇规划区内的各项建设用地和各项建设工程必须按照城镇规划进行的正常秩序，保证行政职能的顺利行使。

（二）实施规划的管理

通过有效手段，根据城镇规划要求，合理安排各项当前建设活动，包括各项建设用地和建设工程，使城镇规划设想变为现实，更加具体化。城镇规划区内的各项建设用地和建设工程，必须符合城镇规划要求，服从城镇规划管理。从这个意义上来说，城镇规划实施管理，就是保证城镇规划顺利实施必不可少的重要手段和必需途径。

（三）协调各部门工作的管理

城镇规划实施管理的过程，需要综合运用法治的、社会的、经济的、行政的和科学的方法，妥善协调各个方面的关系，包括需要与可能、近期与远期、局部与整体、新区与旧区、保护与发展、生产与生态、主体与配套、继承与创新、重点与一般、条条与块块、区域与城镇以及城镇与乡村等，通过综合平衡、协调、控制，追求社会、经济、环境的综合效益，处理好有关方面的关系，使各项当前建设得以实现。为协调各方面的关系，必须征求各有关部门的意见，以及有关专家的意见和群众的意见等，需要做大量的细致工作。

（四）实施规划的具体运作

城镇规划实施管理的具体对象是各项当前建设用地和建设工程，每一项用地和工程都要经过立项申报、规划审查、征询意见、协调平衡、审查批准、办理手续及批后管理等一系列程序和具体运作，其关键环节和主要标志是核发“一书两证”，即建设项目选址意见书和建设用地规划许可证、建设工程规划许可证。只有获得了“一书两证”，该建设用地和建设工程才可得以使用和施工。如果没有或不按照“一书两证”的要求就使用土地和进行工程建设，是非法行为。

城镇规划实施管理就是面对城镇规划区内大量的建设用地和建设工程，按照有关法律法规和城镇规划要求进行一项接一项的具体运作。

（五）维护城镇建设秩序的管理

城镇建设必须有序进行，否则会引起城镇发展建设上的混乱，造成不应有的巨大损失。城镇各项建设必须按照城镇规划进行就是一个极其重要的举措。城镇规划的实施更需要严格执法，有序进行，才能确保城镇规划的顺利实施。

城镇规划实施管理的作用之一就是采取有效制度和手段，营造一个高效、和谐、健康的工作环境，排除各方面的干扰，依法惩处各种违法行为，维护好有序的工作秩序，使各项建设用地和建设工程依法按照城镇规划要求得以落实和正常进行，树立城镇规划的严肃性和权威性。

二、城镇规划实施管理的原则

（一）坚持法治化原则

必须在符合《城乡规划法》及相关管理法规规定的前提下，对规划区内的土地利用和建设活动进行规范化管理。必须遵循已经获得批准的城镇规划和相关管理法规，禁止以口头上的话语或滥用职权来代替法律执行。任何不合法的城市规划和相关管理行为都必须受到法律的追究，并追究相关责任人的法律责任。

充分运用法治管理手段，是切实搞好城镇规划实施管理工作的根本保证，要以《城乡规划法》为中心和基本依据，要求各级城镇规划行政主管部门抓好城镇规划法治建设工作，尽快建立健全城镇规划法规体系，领导要以身作则，依法办事，支持城镇规划行政主管部门履行职能，避免不必要的行政干预。

（二）保证公开化原则

所有与城乡规划相关的土地利用和建设必须依照《城乡规划法》的规定进行。所有的相关城乡规划，必须经过批准后予以公布，一旦公布后，所有的单位和个人都是无权再进行改动的。

关于城乡规划管理审批的流程、方案实施、政策及进展情况，以及相关工作人员的身份和责任等内容都是应该向公众公布的。笔者认为，将这些信息公开可以增强社会公众对城镇规划实施管理的监督，推动城镇规划主管部门提高工作效率和执法的公正性。结合社会监督，规划管理部门可以运用各种社会管理手段，以更有效的方式监督并防止任何违反城镇规划的行为。

（三）遵循程序化原则

为确保城镇规划的有效管理与实施，需要严格遵循科学的审批管理流程，以符合城镇发展和规划建设的客观规律。在城镇规划区内进行土地使用和建设活动时，必须遵循《城乡规划法》的规定，包括提交申请、接受审查、征询有关部门意见、获得法律性凭证和后期管理等一系列必要步骤。以此可以有效保证审批工作不受主观因素的影响，并防止未遵循科学程序进行审批的越权行为和滥用职权行为的发生。

（四）注重协调的原则

根据《城乡规划法》，我们要做的就是保证众多相关法律之间的协调合作，以确保各大行政主管部门正常协调运作、业务关系清晰合理、权责主体分明，这样可以有效避免工作过程中产生重大矛盾，多头管理的不合理现象也基本不会出现。同时，我们需要对各大规划行政主管部门的职责进行清晰合理的分配，以此防止越级工作和滥用职权现象的产生。

所谓协调原则，重要的就是要坚持“城镇规划行政主管部门是城镇规划实施管理的唯一职能部门”这一原则和理念，同时明晰城镇规划中的各项具体建设活动都是归由各级主管部门和行政管理部门进行统筹安排的。此外，城镇规划实施管理审批权应当集中在市一级城镇规划行政主管部门，不能随意下放，其中有关法律性证书即“一书两证”的核发，必须由城镇规划行政主管部门统一办理。

（五）加强监督检查的原则

城市规划的实施管理是一项需要长期不断进行的工作。为了确保城镇规划的有效实施，各级城市规划行政主管部门应当把监督检查工作视为城镇规划实施管理工作的重中之重，加紧落实并要保证工作质量。

为加强监管控制，首先必须进行土地使用和建设活动的事后管理。这包括采取各项措施对不同类型的项目和建设工程进行复验、验线和验收等，以确保正在进行的各种建设活动符合城镇规划行政主管部门制定的规划标准。其次，应该加大监管力度，及时察觉并采取严厉的措施应对所有违反城市规划条例的非法行为。最后，旨在做好城市规划行政主管部门监督检查执行执法工作，及时纠正错误，严惩各种违法失职行为，推动城市规划实施管理质量的提升。

（六）坚持以人为本的原则

城镇建设与发展的根本目的是满足人民的工作和生活需要，城镇规划实施管理必须坚持以人为本的原则，充分考虑人们生存和生活的基本要求来进行各项发展建设，城镇规划实施管理应当把好这一关。

坚持以人为本的原则，一是要营造一个好的生存环境，各项建设项目不能污染和破坏城镇生态环境；二是各项建设项目必须能够为城镇居民提供方便的生活条件，并能够促进各项公益事业的发展；三是各项建设项目必须注重人们生活和工作的尺度和视觉效果，建筑物的造型、风格以及建筑群的组合、布局、韵律等能够营造一个和谐、优美的空间环境。

三、城镇规划实施管理的内容

（一）建设项目选址规划管理

选址规划管理是建设项目中至关重要的环节，因为它直接涉及城镇规划的实施，包括城市的面貌、规模、布局等方面，并影响着项目的发展方向。

因此，选址规划管理是城镇规划执行的核心。在选取国家和地方的重要项目的建设地点时，其发挥着至关重要的作用。将城镇规划与重点项目的前期工作整合起来，有助于保障重点项目的顺利实施并实现经济、社会和环境效益的共赢目标。将选址工作与城镇规划相结合，可以保证城镇的规划和实施符合合理的布局。因此，在策划、选址和执行具有建设新城镇或与城镇相关的关键项目时，必须遵循城镇规划的要求。

1978 年，国家计划委员会、国家建设委员会、财政部共同颁布的《关于基本建设程序的若干规定》中就明确规定："凡在城市辖区内选点的，要取得城市规划部门的同意，并且要有协议文件。"1985 年，国家计划委员会、城乡建设环境保护部共同发出的《关于加强重点项目建设中城市规划和前期工作的通知》又强调："各级计委在审批建设项目的项目建议书和设计任务书时，应征求同级城市规划主管部门的意见。"《中华人民共和国城乡规划法》第三十条规定："城市新区的开发和建设，应当合理确定建设规模和时序，充分利用现有市政基础设施和公共服务设施，严格保护自然资源和生态环境，体现地方特色。在城市总体规划、镇总体规划确定的建设用地范围以外，不得设立各类开发区和城市新区。"

在编制建设项目建议书的阶段，城镇规划行政主管部门参与选址工作，并给出相应的规划建议或意见。参与项目设计任务书（可行性研究报告）阶段的选址工作，并核发选址意见书。在提交项目建议书和设计任务书（可行性研究报告）时，必须附上城镇规划行政主管部门提供的规划建议和选址意见书，这是必要的程序。选址规划管理涉及以下两个方面。

（1）城镇规划行政主管部门应当介入并了解建设项目建议书阶段的相关选址工作。在进行项目建议书的审批时，各级部门应当咨询规划行政主管部门的看法，以确认所拟安排的建设项目是否符合规划要求。

（2）城镇规划主管机构需参与建筑项目设计任务书（可行性研究报告）阶段的选址工作，并就选定的建筑项目提出选址建议书。在报请批准设计任务书（可行性研究报告）时，必须携带规划行政主管机构核发的选址意见书。

（二）建设用地规划管理

1. 建设项目选址

一切使用城镇规划区内的土地进行建设的项目，必须持按国家规定程序批准的建设计划或者其他批准文件，向城镇规划行政主管部门申请选址定点。

城镇规划行政主管部门依据城镇规划和有关法规，既要考虑城镇总体规划布局，又要考虑建设项目的具体要求；既要考虑城镇现状对建设项目的制约条件和有利因素，又要考虑建设项目将对城镇环境与城镇发展产生的影响，综合考虑社会、经济、环境三个效益，进行建设项目的选址定点工作。

各项建设项目选址时要注意以下几个方面。

（1）核实建设项目及其建设内容

严格审查建设项目有关文件，包括设计任务书（可行性研究报告）、批准投资文件以及城镇规划行政主管部门的选址意见书等。同时，应深入了解建设项目的性质、规模、交通运输方式、协作关系、环境要求与污染情况、水电气用量和用地数量等方面的情况。

（2）项目对环境的影响分析

可能产生废水、废气、废渣和噪声等污染的建设项目除可纳入规划的污染工业区外，不应引进城镇；对城镇中已有的文物名胜古迹、风景游览区等有影响的建设项目，不应选在其附近建设；对城镇与居民的生活安全、防疫卫生、骨干交通等有影响的项目不应引入。

（3）考虑城镇基础设施的承载能力

从经济效益和生产生活方便出发，建设项目应尽可能依托城镇，充分利用城镇现有的基础设施条件和公共服务设施条件，项目引进时，必须根据城镇的水、电、道路、供应、公共服务设施等的承受能力来考虑能否接纳。要注意避免以节约建设项目的基本建设投资为名，把大量的负担转嫁给城镇，结果造成城镇功能难以运转的情况发生。

（4）符合城镇规划的内容要求

应根据城镇规划功能分区布局合理安排建设项目的选址用地，对号入座。要强调不能侵占文物名胜古迹、革命历史纪念地、风景游览区和园林绿化用地，以及规划的城镇道路、广场、停车场用地和文化体育用地等。

（5）协调周边单位各方意见

某建设项目选址，必然要涉及周围不少单位，在考虑不周时会相互产生各种矛盾和纠纷，有的会影响相邻单位的扩建、改建与经济发展、环境要求等，因此建设项目选址时一定要征求各有关单位、部门的意见，做好协调工作，防患于未然。

（6）考虑城镇土地价值的差异

要按照有偿使用土地和有限期使用土地的原则在城镇的不同地段进行相应的建设选址，彻底改变过去无偿使用和无限期使用城镇土地的制度，搞好城镇国有土地使用权的出让和转让工作，充分发挥城镇每一寸土地在社会经济发展中的应有作用。

2. 用地审批

城镇规划行政主管部门受理建设项目的选址定点申请后，便进入用地审批阶段。用地审批的内容包括现场踏勘、征求有关部门意见、提供规划红线和规划设计条件、审查总平面图、核定用地面积、核发建设用地规划许可证等。

（1）现场踏勘

城镇规划行政主管部门与建设单位会同有关部门到选定的地址进行现场调查和踏勘是十分必要的。通过现场踏勘及时发现问题，提出问题，解决问题。

（2）征求意见

征求意见，一般指在消防、文物和环境保护以及土地管理等方面征求有关主管部门的意见和看法，甚至根据实际情况，有的建设项目还需征求相邻单位的看法和相关意见。

（3）提供规划红线和规划设计条件

在顺利通过相关规划管理部分的方案初审后，就可以将最终确定的用地选址范围和红线图提供给选定的建设单位，以便其能够及时委托其他单位进行具体的方案设计，同时与征地单位事先取得联系，以避免后期引起不必要的麻烦。需要注意的是，红线图上的标注一定要齐全，不仅要有规划道路和道路现状等，同时后期的设计规划要求和条件等也一并要在图纸上有所注明。

（4）审查总平面图

主要审查用地性质、规模和布局方式、运输方式是否符合规划要求，建筑与工程设施的布置是不是合理用地、节约用地。

（5）核定用地面积

主要根据城镇规划设计用地定额指标和该地块具体情况，审核用地面积，防止浪费土地，确定用地红线范围，即用地位置和界限。

（6）核发建设用地规划许可证

在经相关领导审批完成后，就可以核发建设用地规划许可证，在相关建设单位收到用地规划许可证后，就可以进行征用土地的后续手续和流程。

但同时也需注意，那些因特殊或不可抗力情况需要在红线范围外建设临时用地的，需要建设单位持有相关已经批准的临时用地文件向上级主管部门进行申请，经同意后方可核发临时建设用地许可证，后续就可持此许可证办理相关用地手续。一般情况下，临时用地的使用期限不会超过两年。另外，在临时用地范围内修建永久或半永久性的建筑物或构筑物等也是不被允许的。

3. 批后管理

（1）用地复核

城镇规划行政主管部门有权对征用划拨的土地进行验桩。

（2）用地检查

建设用地单位在使用土地的过程中，城镇规划行政主管部门应根据规划要求进行监督、检查工作，随时发现问题、解决问题，杜绝发生违章占地情况。

（3）违章处理

未领取建设用地规划许可证的建设用地，未领取临时建设用地许可证的临时用地，未经批准擅自改变位置和扩大使用范围的建设用地和临时用地，私自转让、交换、买卖、租赁或以非法方式买卖、租赁的建设用地和临时用地，以及超过规定期限不返还的临时用地，都属于非法占地行为。

当城镇规划行政主管部门发现存在非法占用土地行为时，需要向相关方发出一份违规通知书，要求其立即停止非法用地占有并进行相应登记和审批。同时，还需要对非法占用土地进行处理，并由相关方承担相关责任。处理违法占用土地的措施包括但不限于收回用地、拆除地上及地下建筑物设施、加处罚款和行政处罚等。

（三）建设工程规划管理

1. 建筑管理

建筑是构成城镇的主要设施之一，也是最大的空间工程设施，因此建筑工程管理是城镇建设规划管理中的一项大量性工作和很重要的一环。

建设工程规划管理所涉及的建筑管理，是指城镇规划设计和建设审批中的管理，不包含房屋的维修、房屋产权的管理和房租的收缴，以及房屋内部的装饰等方面的管理。其具体的内容主要包括建筑审批管理、建筑设计管理、临时建筑管理、监督检查管理和违法建筑管理等。

（1）建筑审批管理。建筑审批管理包括建筑申请、现场踏勘、征询有关部门的意见、规划审查、上报审批、核发建设工程规划许可证、放线验线、工程验收、竣工资料归档等。

（2）建筑设计管理。建筑设计管理包括建筑性质、功能与建筑标准的审查，提出红线与间距要求，体量与层数的控制，设计图纸的审查，建筑风格、色彩与建筑环境的审查等。

（3）临时建筑管理。临时建筑管理包括临时建筑的申请，建筑内容和使用要求的审查，使用期限的审查，核发临时建设许可证等。

（4）监督检查管理。监督检查管理包括对建筑工程的放线验线和工程验收，以及建筑工程施工期间的现场监督、检查，还有建筑工程竣工后的竣工图纸和资料的报送等。

（5）违法建筑管理。违法建筑管理包括核发建设工程规划许可证和临时建设许可证后的监督、检查，对违法建筑的登记、造册和处理（包括拆除、没收、罚款、行政处分等）。

2. 工程管线管理

城镇基础设施的核心是城镇工程管线，其中包括许多组成部分，如道路、铁路、涵洞、人防工程、电力、供水、排水（污水、雨水）、煤气、热力、化工专用管道等。这些管线对于城镇规划和管理来说至关重要，是城市基础设施的重要组成部分。因为它的范围十分广泛，包括大量的内容，分布在不同的空间层面上，有着各自独特的要求和特点。这些要求不能混淆在一起，但有些内容又是不可分离的。因此，需要进行全面的规划、协调和有序的安排，才能使所有要素合理并存。城镇规划行政主管部门的批准是必要的，对于工程管线的新建、扩建、改建、翻建和拆除都是适用的。其建设管理的准则是先从地下开始，然后考虑地上建设，最先进行的应该是基础设施的建设。

在工程管线管理中，最常见的主要有三类，分别是道路管理、管线管理和堤防管理。

（1）道路管理

道路管理主要包括道路规划方案的地面定线，道路设计与施工的红线控制要求，道路标高、走向的核定，设计图纸审查，核发建设工程规划许可证，以及因管线工程需要对道路开挖的审批与管理。

（2）管线管理

管线管理主要包括对各种管线工程类别、截面、线型、坐标、标高、水平距离、架设高度、埋置深度、立体交叉关系的审查，避免与地面建筑物、构筑物、行道树以及地下空间、地铁、人防设施等的影响和各种管线之间的相互干扰，同时要符合国家和有关部门颁发的规范、标准、技术、卫生、安全等方面的要求。

当管线的埋设遇到矛盾时，原则上应当是局部服从整体，非主要管线服从主要管线，临时管线服从永久管线，可变管线服从不可变管线，有压力管线服从无压力管线等。

（3）堤防管理

堤防工程具有防洪、排涝、输水、抗潮汛、阻风浪等作用，以确保城镇安全。对于河岸、海岸、湖岸、江岸的堤防工程必须严格管理，除必要的绿化外，不得随意占用与建设，必要的建筑设施要按照堤防要求严格管理，并加强检查、监督管理工作。

3. 违法建设管理

违法建设是指未领到建设工程规划许可证的建设工程，未领到临时建设许可证的临时建设工程，擅自改变经批准的设计施工图纸施工的建设工程或临时建设工程，擅自改变建筑物或构筑物使用性质的建设工程或临时建设工程，建成或改成永久性、半永久性工程的，或逾期不拆除或改变使用性质的，或非法转让、交换、买卖、租赁以及变相买卖、租赁的临时建设工程。非城镇规划行政主管部门批准的和越权批准的建设工程或临时建设工程，也应视为违法建设行为。

违法建设工程既包括永久性和临时性的各种违法的建筑物、构筑物（称为违法建筑），也包括各种道路、管线工程及其他设施、设置物（如广告牌、宣传栏）等统称为违法建筑。

违法建设管理一是要加强对批后建设的监督、检查工作，发现违法建设苗头及时制止；二是要严肃处理违法建设行为，处理的办法是没收、拆除、罚款以及追究责任和行政处分、通报批评等，运用法律武器严厉打击违法建设歪风。

城镇规划行政主管部门一定要依法办事，做出违法、违章处罚决定时，一是主要证据要确凿，二是适用法律、法规要正确，三是要符合法定程序，四是不要超越职权和滥用职权。要严格规范城镇规划行政主管部门的具体行政行为，努力提高查处违法建筑管理水平。

为了使城镇规划实施管理的主要内容更直观、更明确，其主要内容也可以包含为建设项目选址规划管理、建设用地规划管理、建设工程规划管理和城镇规划实施的监督检查四个部分。前三个部分主要以核发“一书两证”为主要特征，第四部分主要是放线验线，施工现场的监督检查和定期、不定期的全面性监督检查以及对违法用地、违法建设的查处等。

参 考 文 献

[1] 陈送财，王涛．城镇规划 [M]．合肥：合肥工业大学出版社，2010．
[2] 裴杭．城镇规划 [M]．北京：高等教育出版社，1988．
[3] 李勤，牛波，胡炘．宜居园林式城镇规划设计 [M]．武汉：华中科技大学出版社，2020．
[4] 彭震伟．空间规划改革背景下的小城镇规划 [M]．上海：同济大学出版社，2020．
[5] 弗里德曼．中小城镇规划 [M]．周典富，译．武汉：华中科技大学出版社，2016．
[6] 陈丽华．小城镇规划 [M]．北京：中国林业出版社，2009．
[7] 金兆森．城镇规划与设计 [M]．北京：中国农业出版社，2005．
[8] 徐威．小城镇规划与设计 [M]．成都：天地出版社，2006．
[9] 裴杭．城镇规划原理与设计 [M]．北京：中国建筑工业出版社，1992．
[10] 何尧振，张钊．城镇规划概论 [M]．上海：上海市城市经济学会，1985．
[11] 何晨霞．小城镇规划设计的原则及存在的问题 [J]．风景名胜，2021（6）：112−113．
[12] 张玭．如何加强集约型城镇规划设计 [J]．低碳世界，2020，10（07）：104−105．
[13] 张硕，王如华．城镇供水系统规划设计标准支撑平台 [J]．工程建设标准化，2020（06）：71−75．
[14] 贾金．新型城镇化背景下的城市规划与建筑设计 [J]．地产，2019（20）：58+60．
[14] 李吴刚，程然．浅谈基于城镇化发展背景的城市绿道系统规划设计 [J]．城市建筑，2019，16（06）：84−85．
[16] 陈威娜．小城镇规划设计中的地域性因素探析 [J]．低碳世界，2018（11）：

203–204.
[17] 曹明雷. 关于生态理念的小城镇规划设计 [J]. 工程建设与设计，2018（18）：22–23.
[18] 张青. 基于城镇化发展背景的城市绿道系统规划设计 [J]. 现代园艺，2018（12）：142.
[19] 刘国强. 城镇广场空间设计与绿地规划设计 [J]. 黑龙江科学，2018，9（09）：96–97.
[20] 冯晋勇. 城镇公园景观升级改造规划设计 [J]. 现代园艺，2018（09）：136–137.
[21] 王飞. 川西北滨水旅游型小城镇空间规划设计研究——以三江镇为例 [D]. 绵阳：西南科技大学，2022.
[22] 袁沁心. 产镇融合视角下山地工业型特色小城镇城市设计研究——以重庆朱沱镇为例 [D]. 重庆：重庆大学，2021.
[23] 黄浩. 特色小城镇空间布局规划研究——以明光市女山湖镇为例 [D]. 合肥：安徽农业大学，2020.
[24] 董华琳. 基于地域文化的小城镇广场设计研究 [D]. 开封：河南大学，2019.
[25] 尹晓婧. 河北省小城镇规划设计中文化空间表达研究 [D]. 保定：河北农业大学，2019.
[26] 程晨. 小城镇景观风貌规划设计研究——以安徽省黄口镇为例 [D]. 合肥：合肥工业大学，2019.
[27] 李乘. 小城镇建成环境可持续更新策略研究 [D]. 杭州：浙江大学，2019.
[28] 马德勇. 中国新型城镇化的技术选择探究 [D]. 沈阳：东北大学，2018.
[29] 闫力. 石家庄南部地区小城镇规划设计研究 [D]. 石家庄：河北师范大学，2015.
[30] 侯全华. 小城镇规划后评价理论与方法初探 [D]. 西安：长安大学，2006.